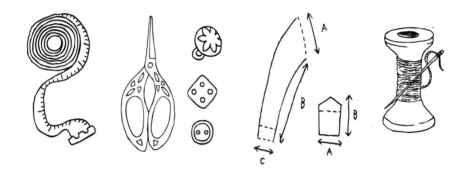

생초보를 위한
생활 속 기초 손바느질

 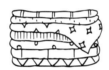

시대
인

일러두기

1. 가이드를 참고해 바늘에 실을 미리 끼워둡니다. 특별한 언급이 없다면 실 끝에 매듭을 지어 준비합니다.
2. 장식 바느질의 경우를 제외하고는 가능하면 원단과 동일한 색상의 실을 사용합니다.
3. 바늘은 끝이 매우 뾰족하기 때문에 바느질 도중 손가락이 찔리지 않도록 주의합니다. 손가락 보호를 위해 골무를 사용해도
   좋습니다.
4. 바늘의 끝이 다른 사람을 향하지 않도록 합니다.

인류의 생활과 밀접한 관계가 있는 바느질은 21세기 첨단 스마트시대가 이어지고 4차 산업혁명의 시대가 도래하고 있는 지금에도 모든 사람들에게 꼭 필요한 분야라 할 수 있습니다.

오래전부터 인류는 가죽을 기워 옷을 만들어 입고 장신구를 만들어 치장했으며, 다양한 크기의 주머니를 만들어 물건을 소장했습니다. 자연의 재료로부터 다양한 섬유를 개발하고, 이전의 뼈바늘에서 현대의 작고 단단한 금속바늘을 만들어 실용적인 옷을 떠나 멋과 아름다움을 추구하게 되었습니다. 바느질은 최소한의 기법과 기술로 동서양을 막론하고 발전해왔기에 바느질의 역사는 인류 발전의 역사와 함께했다고 할 수 있습니다.

우리나라의 경우 바느질은 '규중칠우(閨中七友)'라 하여 여인들의 생활기술로 이어져 왔는데, 이는 단순한 바느질을 떠나 한 땀 한 땀의 정성이 배어 있는 핸드메이드 명품의 출발점이었다고 할 수 있습니다. 바느질은 옷을 짓고 해진 곳을 기우는 것 이상의 의미를 가지고 있습니다. 소중한 사람을 위해 바느질 한 땀에도 마음을 가득 담는 정성의 상징으로 전해오고 있음은 물론, 자투리 천을 이어 생활에 활용하는 절약 정신과도 그 맥락을 같이하고 있습니다. 왕실의 여인부터 서민과 평민에 이르기까지 대부분의 여인들이 손에서 놓지 않았던 바느질은 '침선(針線)'으로 표현되어 품격 있는 범용의 생활기술로 불리고 있습니다.

이 책에서는 전혀 바느질을 접해보지 않은 분들을 위해 바느질 도구에 대해 하나하나 설명을 넣었습니다. 바느질로 무엇을 만들고 어떤 작업을 하느냐는 개개인의 목적에 따라 다를 수 있습니다. 구멍 난 곳을 꿰매어 다시 사용할 수도 있고, 원단을 준비해서 생활에 필요한 물건을 만들 수도 있으며, 자수를 놓아 예쁜 작품을 완성할 수도 있습니다. 작은 바늘과 가는 실오라기가 함께 어울려 한 땀의 정성으로 무엇인가를 만들 때, 생활에 큰 도움이 되는 것뿐만 아니라 세상에 하나밖에 없는 자신만을 위한 명품을 만들 수 있습니다. 때문에 이 책을 통해 바느질의 기본 기법을 익힌 다음 소중한 사람들에게 소박한 기쁨과 편안함을 안겨 줄 수 있는 계기가 되길 바랍니다.

마지막으로 현재 규방공예 전문가로 자리 잡기까지 많은 지원과 응원을 아끼지 않은 '쌈지사랑 규방공예 연구소(www.ssamzisarang.com)' 회원 분들과 10년이 넘는 세월 속에 제게 바느질을 배우고 규방공예 작가가 되신 많은 분들께 진심으로 감사의 말씀을 드립니다.

2018년 어느 여름날
김 영 선

[목 차]

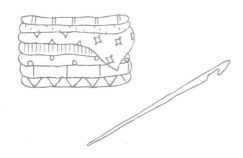

PART 1.

기초 바느질 기법

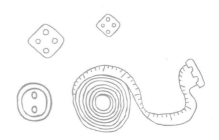

도안 컵홀더, 호박 핀쿠션, 키홀더 장식

- 도안은 QR코드와 시대인 블로그에서 다운받을 수 있습니다.
- 원하는 사이즈로 직접 도안을 그려도 좋습니다.

바느질의 유래와 발전

바느질의 역사는 인류문명이 시작된 약 50,000년 전부터 시작되었습니다. 최초의 바느질은 동물의 뼈로 만든 바늘에 힘줄을 연결한 다음 가죽을 꿰매 추위를 막은 것에서부터였습니다. 이어 찬바람을 막기 위해 동물 가죽으로 가림막이나 천막을 만들어 사용하였고, 점차 문명의 발달로 인해 식물(나무, 풀 종류)로 만든 실로 원단을 짜고 바느질하여 옷가지나 생활용품을 만들어 사용하게 되었습니다. 실질적으로 바느질은 사람이 태어나면서부터 생을 마감하는 순간까지 사용하는 거의 모든 것들과 관계가 있으며, 가정에서 만들어 쓰는 가벼운 소품부터 세계적인 명품까지 바느질을 빼고는 논할 수가 없게 되었습니다.

'바느질'은 바늘에 실을 꿰어 옷이나 여러 가지 생활용품을 만드는 것을 의미합니다. 하지만 바느질의 '질'이라는 말은 '삿대질', '노략질'과 같이 행동을 낮추는 의미가 있기 때문에 가능하면 '침선(針線)한다.'라는 품위와 격식이 있는 언어를 사용하는 것이 좋습니다. 참고로 국가의 복식 무형문화재의 경우도 '침선장(針線匠)'으로 지정되어 있습니다.

전해 내려오는 바느질 도구로는 옷감, 바늘, 실, 실패, 골무, 가위, 자, 인두, 인두판, 다리미, 다리미판 등이 있으며, 바늘로 꿰어 활용하는 원단으로는 비단, 무명, 모시, 마(삼베), 가죽류 등이 있습니다. 실은 면실과 비단실을 주로 활용하는데, 원단의 재질과 색상, 두께에 따라 다양한 종류의 실이 있습니다. 현대에는 실을 자동으로 꿰어 주는 바느질 도구부터 여러 가지 크기와 모양의 자와 가위 및 골무들이 발전하여 보다 편리한 바느질이 가능해졌습니다.

옛날 어르신들은 "바느질을 하면 골병든다, 집안이 어려워진다."라고 했지만 이는 우리나라의 일꾼과 장인을 경시하던 풍조에서 전해진 말들로 지금의 21세기 스마트시대에는 큰 의미가 없습니다. '바느질한다'는 표현이 봉건제도하의 삯바느질 개념과 다소 혼선이 있는 것은 사실이지만, 지금은 오히려 세상에 하나뿐인 나만의 물건을 만들 수 있다는 장점 때문에 많은 사람들이 바느질을 배우는 추세이기도 합니다. 현재 바느질은 한 땀 한 땀 정성을 담아 나와 가족의 생활에 필요한 물건을 직접 만들고, 주변 사람들과 귀한 선물을 나누고, 때로는 핸드메이드 창업 내지 강좌 등 소득이 가능한 분야로 발전하였습니다.

02

바느질 기본 도구

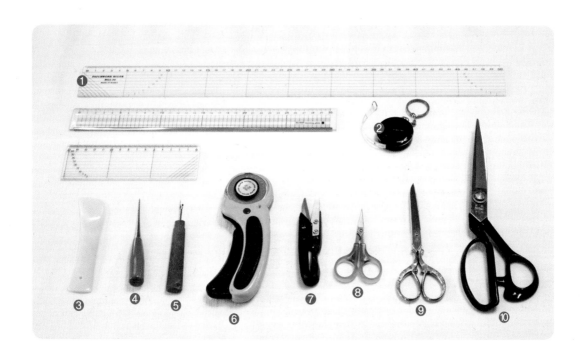

❶ 시접자

길이에 따라 15cm, 30cm, 50cm 등이 있고 자 안에 3mm, 5mm, 7mm가 표시되어있어 시접의 크기를 맞추기 좋습니다. 한쪽이 금속으로 마감된 자를 사용하면 원형커터칼로 원단을 재단할 때 자가 상하지 않고 칼날이 밀리지 않아 아주 편리합니다.

❷ 줄자

시접자로 잴 수 없는 긴 길이나 곡선의 길이를 잴 때 사용합니다.

❸ 뼈인두

원단을 그어 시접선을 표시할 때 사용하며 뼈인두로 그으면 원단을 접기에도 수월합니다. 일본식 표현으로는 '헤라'라고도 합니다.

❹ 송곳

천이나 가죽에 구멍을 뚫을 때 사용합니다.

❺ 실뜯개

잘못 바느질한 부분의 올을 빼내거나 실밥을 뜯을 때 사용합니다. 빨간 볼이 있는 부분을 원단과 실 사이에 넣고 밀어야 원단이 상하지 않게 실을 뜯을 수 있습니다.

❻ 원형커터칼

원단을 재단할 때 사용합니다. 한 번에 여러 장을 재단할 수 있으며 직선 재단을 할 때 매우 편리합니다. 재단 시 바닥이 상할 수 있으니 커터칼을 사용할 때는 반드시 커팅매트 위에서 사용하도록 합니다.

❼ 쪽가위

실을 자를 때 주로 사용합니다.

❽ 작은 가위

실을 자르거나 작은 조각의 원단을 재단할 때, 시접을 정리할 때 사용합니다.

❾ 중간 가위

원단을 재단하거나 전체적인 시접을 정리할 때 사용합니다.

❿ 재단 가위

큰 원단을 자를 때 사용하며, 재단 가위는 무게가 있기 때문에 바닥에 떨어뜨리지 않게 조심하도록 합니다. 원단 이외의 것을 자르면 가윗날이 무뎌져 사용하기에 불편하므로 가능하면 원단 재단용으로 사용하고, 주기적으로 날을 갈아주는 것이 좋습니다.

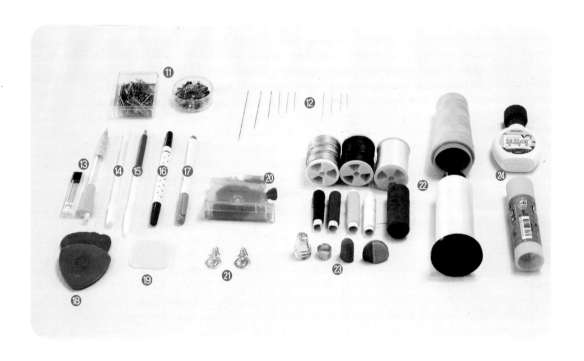

⓫ 시침핀

시침할 때 사용합니다. 머리가 달린 핀은 주로 면과 같이 두꺼운 원단에 사용하고, 머리가 없고 가늘고 얇은 핀은 실크와 같이 얇은 원단에 사용합니다.

⓬ 바늘

바늘은 크기와 모양에 따라 사용 용도가 달라집니다.

– 굵은 바늘 : 이불면실 같은 두꺼운 실을 끼워 사용합니다.

– 바늘귀가 크고 얇은 바늘 : 면실을 사용하는 프랑스 자수에 사용합니다.

– 바늘귀가 얇고 긴바늘 : 실크나 면 원단에 시침을 하거나 홈질과 같은 바느질에 사용합니다.

– 바늘귀가 얇고 짧은 바늘 : 실크, 면 원단에 감침질이나 누비, 퀼팅을 할 때 사용합니다.

⓭ 샤프초크, 초크심

원단 위에 완성선과 재단선을 그을 때 사용합니다. 규방공예와 같은 세밀한 작업을 할 때 아주 편리합니다.

⓮ 아이롱펜

원단 위에 완성선과 재단선을 그을 때 사용하거나, 전통자수의 도안을 그릴 때 사용합니다. 펜 자국은 다리미로 다리면 사라집니다.

⓯ 초크펜슬

두 가지 색상의 초크를 사용하기 편하도록 연필 모양으로 만든 것입니다. 초크펜슬의 자국을 지울 때는 아이롱펜과 마찬가지로 다리미로 다리면 되며, 다른 초크에 비해 저렴하다는 장점이 있습니다.

⑯ 기화펜

원단 위에 완성선과 재단선을 그을 때 사용합니다. 시간이 지나면 자연스럽게 기화되어 깨끗하게 지워지는데, 다른 초크에 비해 빨리 지워지기 때문에 오랜 시간을 두고 작업할 때보다는 빠른 작업을 할 때 사용하면 좋습니다.

⑰ 수성펜

원단 위에 완성선과 재단선을 그을 때 사용합니다. 펜 자국이 물에 의해 지워지므로 물세탁이 가능한 원단에 사용해야 합니다.

⑱ 하드초크

원단 위에 완성선이나 재단선을 그을 때 사용합니다. 초초크와 같이 옷을 만들 때 많이 사용하지만 초초크보다는 단단하고 표시한 선이 오래 남습니다.

⑲ 초초크

원단 위에 완성선이나 재단선을 그을 때 사용하며 주로 옷을 만들 때 많이 사용합니다. 파라핀으로 만들었기 때문에 선을 지울 때는 다리미로 다리면 쉽게 없앨 수 있습니다.

⑳ 자동실꿰기

자동으로 바늘에 실을 꿰는 도구입니다. 사용 방법은 바느질 기본 도구 사용법(p.12)에서 자세히 설명하도록 하겠습니다.

㉑ 실꿰기

보다 쉽게 실을 꿸 수 있는 도구입니다. 사용 방법은 바느질 기본 도구 사용법(p.13)에서 자세히 설명하도록 하겠습니다.

㉒ 실

사용 용도에 따라 다양한 실이 있습니다.

- 투명실 : 실이 투명하여 잘 보이지 않아 바늘땀을 숨겨야 할 때 사용합니다.
- 봉제실 : 얇고 꼬임이 없는 면실로 주로 재봉틀 밑실로 많이 사용합니다.
- 폴리에스테르실 : 봉제실보다 견뢰도와 강도가 좋습니다. 시중에 파는 반짇고리에 주로 들어 있으며 일반 원단 바느질에 사용합니다.
- 실크실 : 굵기에 따라 세 가지 종류가 있으며 주로 실크 원단에 많이 사용합니다. 물빠짐이 있으니 물세탁이 가능한 원단에는 사용하지 않는 것이 좋습니다.

㉓ 골무

바느질을 할 때 손가락을 보호하기 위해 끼는 도구입니다. 주로 검지와 중지손가락에 많이 사용하는데, 바늘귀를 밀거나 바늘을 잡아 올릴 때 바늘이 밀리거나 손가락이 아프지 않게 보호합니다. 재질에 따라 쇠, 고무, 가죽, 천으로 만든 골무가 있고 모양에 따라 손가락 끝에 끼우는 것과 반지처럼 끼우는 것이 있습니다.

㉔ 섬유접착제, 문구용 풀

시침을 임시로 고정하거나 시접의 올을 정리할 때 사용합니다.

03

바느질 기본 도구 사용법

- **자동실꿰기 사용법**

01. 자동실꿰기의 가운데에 실을 얹습니다.

02. 윗부분의 동그란 구멍에 바늘귀가 아래로 향하도록 꽂은 다음 한손으로 자동실꿰기를 잡고 다른 한손으로는 반대쪽의 스위치를 누릅니다.

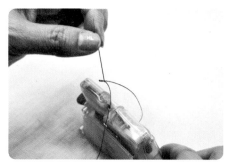

03. 바늘을 잡고 꺼내면 바늘귀에 실이 들어간 것을 확인할 수 있습니다.

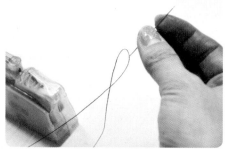

04. 바늘귀로 들어간 실을 잡아당기면 쉽게 바늘에 실을 꿸 수 있습니다.

 Tip

자동실꿰기의 상단에는 실을 잘라주는 부분도 있어 다양하게 활용할 수 있습니다.

- **실꿰기 사용법**

01. 왼손에는 바늘, 오른손에는 실꿰기를 잡고, 바늘귀에 실꿰기의 마름모 철사 부분을 넣습니다.

02. 바늘귀를 통과한 철사의 공간을 충분히 넓히고 그 사이에 실을 넣습니다.

03. 실꿰기의 몸통을 잡고 천천히 잡아당깁니다.

04. 반대쪽으로 실의 끝부분이 빠져나올 때까지 잡아당기면 쉽게 바늘에 실을 꿸 수 있습니다.

• 골무 사용법

골무는 일반적으로 바늘을 잡고 미는 검지 또는 중지에 낍니다. 주로 바늘을 원하는 위치에 꽂거나 **뺄** 때 손가락 끝을 보호하기 위해 사용하는데, 사람과 상황에 따라 골무를 끼는 손가락이 바뀔 수 있습니다.

– 골무의 종류

1. 고무골무

특수 고무 소재로 바느질을 하기에 가장 편리하며 땀구멍이 양옆으로 나 있습니다.

2. 명주골무

전통 배접으로 제작한 골무입니다. 손가락 끝을 보호함은 물론 손끝의 땀 흡수 기능도 있는 과학적인 전통 골무입니다.

3. 쇠골무 I

바느질에서 가장 많이 사용하는 골무로 특히 누비나 두꺼운 천에 바느질을 할 때 유용합니다.

4. 쇠골무 II

서양에서 많이 사용하는 형태의 쇠골무입니다. 종종 손끝에 땀이 차는 경우가 있으니 자주 땀을 닦아야 합니다.

• 문구용 풀/섬유접착제 사용법 – 원단 끝 정리

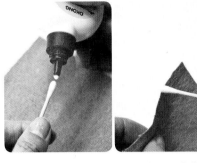

01. 원단 끝부분의 실을 제거한 후, 면봉에 문
    구용 풀이나 섬유접착제를 묻혀 원단의 끝
    에 바릅니다.

02. 풀이 마르면 원단의 끝부분이 깔끔하게
    정리된 것을 확인할 수 있습니다.

• 초크 및 뼈인두 사용법

01. 시접을 잡을 자리에 시접자를 대고 초크를
    사용해 원단 위에 살짝 표시가 나도록 긋
    습니다.

02. 초크로 그은 시접선 위에 마찬가지로 시
    접자를 대고 뼈인두로 눌러 그으면 자국
    이 생겨 바느질에 도움이 됩니다.

Tip

뼈인두의 둥근 부분을 활용하면 다림질 없이 간이로 시접을 꺾을 수 있습니다.

• 실뜯개 사용법

01. 실을 뜯어야 하는 위치를 정하고, 실뜯개
    의 날카로운 부분은 위로, 빨간 공 부분은
    아래쪽을 향하도록 잡습니다.

02. 빨간 공을 원단 사이의 바느질한 부분에
    넣고 밀어 U자 부분의 칼날을 이용해 실
    을 끊으면 됩니다.

Tip

- 실뜯개의 빨간 공 부분과 뾰족한 부분이 상하지 않도록 주의하여 관리해야 합니다.
- 만약 빨간 공 부분이 원단 사이에 들어가지 않아 부득이하게 뾰족한 부분을 사용
  해야 한다면, 원단이 상하지 않게 조심해서 실을 뜯도록 합니다.

04

바느질 기본 원단

원단에 대해 알아두면 무엇을 만들 것인지, 어떤 용도로 사용하고, 어떻게 세탁할 것인지 등을 고려하여 선택할 수 있습니다. 원단은 크게 천연섬유와 화학섬유로 나눌 수 있는데, 천연섬유는 실크, 양모, 면직류, 마직류 등이 해당되며 화학섬유는 일반적인 화학섬유와 극세사 섬유 등이 해당됩니다. 실크의 경우 대부분 드라이를 하는 것이 좋고 면직류나 마직류, 화학섬유는 손세탁 혹은 물세탁이 가능해 활용 범위가 넓습니다. 다음의 원단 종류에 대한 설명을 참고하면 바느질을 할 때 도움이 될 것입니다.

양장 실크
비단실을 직조기로 생산하여 하늘거림이 있는 서양식 실크 원단입니다. 다양한 두께로 직조되어 활용도가 높습니다.

옥스퍼드(면직류)
두꺼운 면직류로 가방이나 파우치 등을 만들 때 유용합니다.

레이스 원단(면직류)
다양한 레이스 문양으로 직조한 원단입니다. 주로 다른 원단의 장식용으로 사용합니다.

문양 프린팅 원단(면직류)
얇은 면의 원단으로 여러 가지 문양을 프린팅하거나 염색하여 만듭니다. 주로 퀼트나 옷, 가방 등 작품용으로 많이 활용됩니다.

누빔천(면직류)
기존 면 원단 사이에 얇은 솜을 넣고 재봉하여 만든 원단입니다.

무명(면직류)
목화솜에서 뽑은 실을 베틀로 직조한 원단으로 다소 두꺼운 면직 원단입니다.

광목(면직류)
목화솜에서 뽑은 면실을 직조기로 짠 원단으로 두께가 다양합니다.

옥양목(면직류)
광목으로 직조한 원단을 표백 처리하여 하얀색을 띄는 원단입니다.

소창(면직류)
망사 조직의 면 원단으로 기저귀나 행주, 배냇저고리 등 통풍과 위생을 필요로 하는 것에 주로 활용합니다.

모시(마직류)
모시풀(저마)에서 실을 뽑아 베틀로 직조하여 만든 여름용 옷감입니다.

삼베(마직류)
대마에서 뽑은 실로 직조하였으며 여름용 옷감과 수의, 상례용으로 활용합니다.

린넨(마직류)
서양의 마 섬유 원단으로 직조기로 생산되며 다양한 생활소품이나 앞치마, 가벼운 겉옷감으로 활용합니다.

인견(레이온)
나무에서 나온 펄프로 만든 원단입니다. 얇고 시원해 주로 여름용 옷감으로 활용합니다.

모직
양털에서 뽑은 실로 직조하였으며 주로 겨울용 옷감으로 활용합니다. 양모 외에도 낙타털이나 토끼털 등으로 만들기도 합니다.

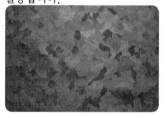

화학섬유(두꺼운 원단)
석유에서 추출한 화학물질로 만든 두꺼운 원단입니다.

화학섬유(얇은 원단)
화학섬유로서 얇은 망사 형태의 원단입니다.

극세사 섬유(화학섬유)
최근 미세한 과학의 발달과 함께 직조되었으며, 주로 방한용으로 활용합니다.

Tip

재료 시장 소개

바느질을 하기 위한 도구와 원단은 보통 인터넷으로 간편하게 구매하지만, 가능하다면 큰 시장에서 발품을 팔아 구입하는 것이 좋습니다. 직접 움직이면서 원단과 부자재들을 눈으로 보고 손으로 만지며 확인할 수 있기 때문에 원하는 물건, 만들고자 하는 소품의 특성을 반영해 구매할 수 있습니다.

지역마다 원단 및 재료 시장이 있지만 그중 서울의 동대문 종합시장과 광장시장에는 전국의 도매상들이 영업을 하고 있어 바느질을 위한 모든 것들이 집결되어 있습니다. 동대문 종합시장은 대형 건물로 지하부터 5층까지 부자재와 원단, 각종 바느질 재료들이 곳곳에 있으며, 광장시장은 모시, 삼베, 각종 면직물 등이 1층에 있고 안쪽으로 들어가면 자투리 원단(4마~10마 정도)을 쌓아놓고 판매하는 골목 시장이 따로 있습니다.

1. **동대문 종합시장** – 서울시 종로구 종로 6가 289-3, 1호선 동대문역

2. **광장시장** – 서울시 종로구 창경궁로 88, 1호선 종로5가역

3. **조각보 코리아** – 기본 바느질 도구 및 DIY 만들기 키트 온라인 주문/맞춤 구매
www.jogakbo.co.kr

05

바느질을 시작하기 전에

• 실 길이 정하기

실은 경우에 따라 한 줄로 사용하기도 하고 두 줄로 사용하기도 합니다. 튼튼한 바느질을 해야 하는데 실이 얇다면 두 줄로 하면 되고, 실이 굵다면 한 줄로만 해도 충분합니다. 장식을 위한 바느질의 경우에는 한 줄로 하는 것이 모양이 가지런해 훨씬 보기 좋습니다. 만약 두 줄로 바느질을 할 경우에는 실이 엉키지 않도록 주의합니다.

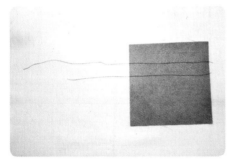

1. 한 줄로 바느질할 경우

감침질이나 박음질은 2배, 고운 홈질이나 홈질은 바느질할 길이의 1.5배 정도의 길이로 끊으면 좋습니다. 처음부터 실을 너무 길게 잡으면 바느질할 때 팔도 아프고, 실이 쉽게 엉키기 때문에 가능하면 실을 짧게 잡아 바느질하고 중간에 실을 연결하는 것이 좋습니다.

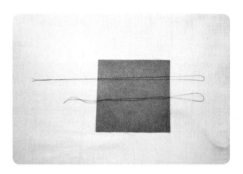

2. 두 줄로 바느질할 경우

감침질이나 박음질은 4배, 고운 홈질이나 홈질은 바느질할 길이의 3배 정도의 길이로 끊으면 좋습니다.

• 바늘 잡기

바늘은 잡았을 때 조금 더 편한 방법으로 하는 것이 가장 좋습니다.

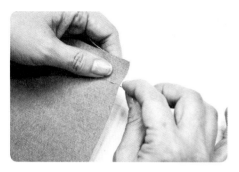

1. 손등이 위로

2. 손바닥이 위로

바늘을 엄지와 검지로 잡고, 바느질을 할 때 손등이 위로 오게 합니다. 직선 바느질에 편리한 자세입니다.

바늘을 엄지와 검지로 잡고, 바느질을 할 때 손바닥이 위로 오게 합니다. 곡선 바느질에 편리한 자세입니다.

• 바늘에 실 꿰기

01. 실 끝을 사선으로 잘라 한쪽을 얇게 만듭니다.

02. 바늘귀에 얇은 부분을 먼저 넣어 실을 끼웁니다.

03. 바늘귀에 실이 통과하면 반대쪽 손으로 실을 잡아당겨 마무리합니다.

04. 바늘귀에 실을 끼운 모습입니다.

• 실 매듭 짓기

실 매듭을 짓는 방법은 세 가지가 있습니다. 각각의 방법을 확인하고 자신에게 편리한 방법으로 사용하면 됩니다.

하나 – 기본적인 매듭짓기

01. 양손의 엄지와 검지로 실을 잡습니다.

02. 오른손의 중지를 이용해 실을 동그란 형태로 만듭니다.

03. 실 끝을 동그란 부분 안으로 넣습니다.

04. 왼손으로 동그라미를 통과한 실 끝을 잡아당기면 매듭이 지어집니다.

둘 – 손가락으로 밀어 매듭짓기

01. 양손의 엄지와 검지로 실을 잡습니다.

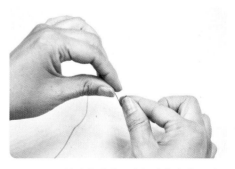

02. 오른손 엄지와 검지로 실을 단단히 잡고 왼손을 이용해 오른손 검지 뒤로 실을 감습니다.

03. 오른손 엄지를 앞으로 밀어 잡고 있던 실을 검지에 감은 실 안으로 들어가게 밀어 넣습니다.

04. 밀어 넣은 실 끝을 오른손 검지로 잡습니다.

05. 실의 양끝을 잡아당기면 매듭이 지어집니다.

셋 – 바늘에 감아 매듭짓기(가장 많이 활용하는 방법)

01. 오른손엔 바늘, 왼손엔 실을 잡고 오른손 검지에 바늘이 실 위로 올라가도록 十자를 만들어 매듭 위치를 정합니다.

02. 실이 **빠지지** 않도록 오른손 검지에 힘을 주고, 왼손의 실을 바늘 뒤로 두 바퀴 정도 돌려 바늘허리에 실을 감습니다.

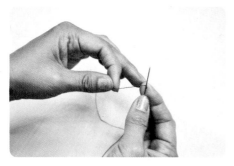

03. 감은 실을 왼쪽으로 당겨 감긴 실이 풀리지
    않게 양손의 엄지와 검지에 힘을 줍니다.

04. 오른손 엄지와 검지로 바늘허리에 감긴
    실을 잡고 왼손 엄지와 검지로 바늘을 위
    쪽으로 잡아 빼냅니다.

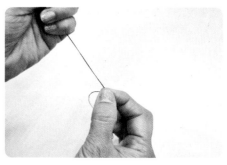

05. 바늘이 빠져나간 다음에도 감긴 실이 풀
    리지 않도록 오른손 엄지와 검지로 매듭
    지어질 부분을 잡습니다.

06. 양손으로 바늘과 실을 잡아당기면 처음
    매듭 위치를 잡았던 지점에 매듭이 지어
    집니다.

시침질과 홈질, 공그르기 등 알아두면 다양하게 활용할 수 있는 기초 바느질 기법을 소개합니다. 기초 바느질 기법을 완벽하게 익혀두면 간단한 바느질은 물론 생활 소품 만들기와 규방공예, 퀼트 등 바느질로 할 수 있는 다양한 활동이 가능합니다.

기초 바느질 기법

시침질

시침질은 원단과 원단을 겹쳐 바느질할 때 원단이 밀리지 않도록 고정하기 위해 사용하는 바느질 기법입니다. 시침 전에 핀으로 먼저 고정시킨 다음 시침 간격을 상황에 따라 조절합니다.
보통 1.5cm 정도로 땀을 뜬 다음 0.7cm 간격을 유지하여 바느질하는 것이 좋으며 시침은 가운데에서 가장자리로 진행하되, 원단을 들어 올리지 말고 손으로 눌러가며 바늘땀을 떠야 밀리지 않습니다.

준비물   바늘, 실, 시접자, 초크펜슬, 천(원단), 가위

How to make

01. 바느질 연습을 위해 원단에 초크펜슬로 완성선을 긋습니다.

02. 왼손으로 원단의 오른쪽 끝을 잡고 오른손으로 바늘을 잡아 완성선의 오른쪽 끝에서 1cm 왼쪽으로 바느질할 위치를 잡습니다. 바늘은 아래에서 위로 꽂습니다.

03. 오른쪽에서 왼쪽으로 1.5cm 땀을 뜬 다음 0.7cm 간격을 두고 바늘을 아래에서 위로 빼냅니다.

04. 바늘을 손끝으로 밀어올린 다음 실을 팽팽하게 잡아당겨 매듭이 원단에 닿도록 합니다.

05. 다시 왼쪽으로 1.5cm 떨어진 위치에 바늘을 꽂아 0.7cm 간격을 두고 바늘을 아래에서 위로 빼냅니다.

06. 실이 꼬이지 않게 바늘을 빼고, 팽팽하게 잡아당겨 원단에서 바늘땀이 뜨지 않도록 합니다.

07. 동일한 방법으로 0.7cm 간격의 1.5cm 땀을 연달아 두 번 뜹니다.

08. 바늘을 오른손으로 잡아당겨 실이 엉키지 않고 팽팽해지도록 당깁니다.

09. 오른쪽에서 왼쪽으로 1.5cm 위치에 바늘을 아래로 꽂고 뒤로 당겨 매듭을 짓습니다.

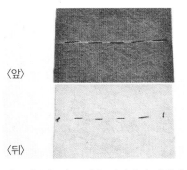

〈앞〉

〈뒤〉

10. 매듭을 짓고 실을 정리하면 시침질이 마무리됩니다.

어슷시침질

사선으로 뜨는 시침을 어슷시침이라 하는데 주로 두꺼운 원단을 고
정할 때 사용하는 바느질 기법입니다. 전체적으로 원단이 밀리지 않
도록 시침해야 할 때는 어슷시침으로 하는 것이 편리합니다.

준비물 바늘, 실, 시접자, 초크펜슬, 천(원단), 가위

How to make

01. 바느질 연습을 위해 원단에 초크펜슬로 첫
번째 완성선을 긋고, 1cm 아래에 두 번째
완성선을 긋습니다.

02. 왼손에는 원단을, 오른손에는 바늘을 잡
고 두 번째 완성선의 끝부분에 밑에서 위
로 바늘을 꽂습니다.

03. 위로 나온 바늘을 쭉 잡아당겨 매듭이 원
단에 닿도록 합니다.

04. 첫 번째 완성선의 오른쪽 끝에서 왼쪽으
로 1cm 지점에 바늘을 꽂습니다.

05. 바늘을 아래로 꽂은 상태에서 왼쪽으로 방향을 틀어 두 번째 완성선의 오른쪽에서 왼쪽으로 1cm 빗겨난 지점(맨 끝에서 2cm 지점)에 바늘을 찌릅니다.

06. 실이 엉키지 않도록 주의하며 바늘을 잡아당깁니다.

07. 다시 첫 번째 완성선에 사선으로 1cm 빗겨난 지점에 바늘을 찔러 넣고, 두 번째 완성선에서 1cm 빗겨난 지점에서 바늘을 빼냅니다.

08. 실이 엉키지 않도록 주의하며 바늘을 잡아당깁니다.

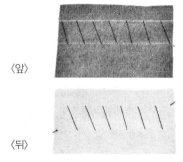

〈앞〉

〈뒤〉

09. 동일한 방법으로 끝까지 바느질하여 매듭을 지으면 어슷시침질이 마무리됩니다.

Tip

간단한 바느질이라면 시침핀을 이용해 가로 또는 세로로 원단을 고정해도 좋습니다. 이때 시침핀의 뾰족한 부분이 원단의 뒤쪽으로 가게 찔러야 바느질할 때 불편함이 없습니다.

홈질

홈질은 가장 기본적인 바느질 기법으로 위아래 땀의 길이가 같은 것이 특징입니다. 두 장의 천을 잇거나 옷의 구멍을 메울 때, 주름을 잡을 때, 시접을 오므릴 때 사용하고, 장식 바느질로도 응용할 수 있습니다.

일반적으로 바늘땀은 0.3~0.4cm씩 뜨는데 바늘땀의 길이나 간격은 활용 용도와 천의 두께에 따라 달라집니다. 홈질은 한 번에 여러 땀을 뜰 수 있는데, 이때 바느질한 부분이 울지 않도록 주의해야 합니다.

준비물   바늘, 실, 시접자, 초크펜슬, 천(원단), 가위

How to make

01. 바느질 연습을 위해 원단에 초크펜슬로 완성선(약 1cm 내외)을 긋습니다.

02. 왼손으로 원단의 오른쪽 끝을 잡고 오른손으로 바늘을 잡아 바느질할 위치를 잡은 뒤 아래에서 위로 바늘을 꽂습니다.

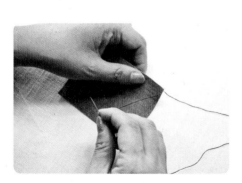

03. 원단을 통과한 바늘을 오른손으로 잡아당겨 실 끝의 매듭이 원단에 닿도록 당깁니다.

04. 0.3~0.4cm 정도 간격을 두고 바늘을 꽂고, 그 상태로 0.3~0.4cm를 건너뛰어 위로 빼냅니다.

05. 실을 팽팽하게 잡아당겨 원단에 실을 밀착시킵니다.

06. 0.3~0.4cm 간격으로 두 땀을 한 번에 잡아 두 땀 홈질을 합니다.

07. 바늘을 위로 잡아당기되, 실이 꼬이지 않고 천에서 뜨지 않도록 끝까지 당깁니다.

08. 0.3~0.4cm 간격으로 세 땀을 한 번에 잡아 세 땀 홈질을 합니다.

09. 바늘을 위로 잡아당기되, 실이 꼬이지 않고 천에서 뜨지 않도록 끝까지 당깁니다.

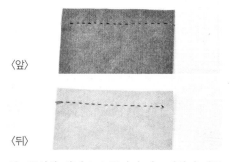

〈앞〉

〈뒤〉

10. 동일한 방법으로 끝까지 바느질하여 매듭을 지으면 홈질이 마무리됩니다.

감침질

감침질은 홈질 다음으로 많이 쓰이는 바느질 기법입니다. 원단 두 장의 시접을 꺾어 마주 대고 오른쪽에서 왼쪽으로, 위에서 아래로 용수철 모양이 되도록 바느질하여 천을 연결하면 됩니다.

감침질을 할 때 원단 아래로 바늘땀을 깊게 뜨면 바느질한 부분이 판판하게 퍼지지 않고 울기 때문에 바늘땀은 될 수 있는 한 가늘고 작게 뜨고, 간격은 0.1~0.2cm 정도로 일정하게 맞추는 것이 좋습니다.

 준비물   바늘, 실, 시침핀, 천(원단), 가위

How to make

01. 바느질 연습을 위해 원단을 위로 접어 잡습니다.

02. 잡은 원단을 위로 밀어 누르고 아래쪽의 원단을 뒤로 꺾어 두 겹으로 겹친 뒤 눌러 잡습니다.

03. 접은 원단의 아래에 시침핀을 꽂아 고정합니다. 두 장의 원단을 이을 때는 각 원단의 시접끼리 맞닿게 잡고 시침핀으로 고정합니다.

04. 아래쪽 접은 원단 사이로 바늘을 꽂습니다.

05. 바늘 끝이 몸을 향하도록 하여 빼내고 실을 팽팽하게 잡아당겨 매듭이 원단에 닿도록 합니다.

06. 위쪽 원단과 아래쪽 원단을 위에서 아래로 원을 그린다고 생각하며 바늘을 꽂아 잡아당깁니다.

07. 마찬가지로 두 장의 원단을 감싸는 느낌으로 위에서 아래로 바느질합니다.

08. 실이 엉키지 않도록 주의하며 땀의 간격을 일정하게 맞추며 반복합니다.

〈앞〉

〈뒤〉

09. 동일한 방법으로 끝까지 바느질하여 매듭을 지으면 감침질이 마무리됩니다.

새발뜨기

새의 발 모양을 닮았다고 해서 새발뜨기, 코끼리의 상아를 닮았다고
해서 상아침이라 불리는 바느질 기법입니다. 새발뜨기는 왼쪽에서
오른쪽으로 바느질하며 일반적으로 끝단 처리에 많이 사용됩니다.
실을 삼각형으로 만들면서 원단의 오른쪽에서 왼쪽으로 0.2~0.3cm
의 땀을 떠 실이 위아래로 교차되게 하는 기법으로 바늘땀의 위아래
간격은 작게 할 수도 크게 할 수도 있지만, 일정한 간격으로 하는 것
이 가장 중요합니다.

준비물   바늘, 실, 시접자, 초크펜슬, 천(원단), 가위

How to make

01. 바느질 연습을 위해 원단에 초크펜슬로 완
성선을 긋고, 1cm 아래에 한 번 더 선을
긋습니다.

02. 왼손으로 원단의 왼쪽 끝을 잡고 오른손
으로 바늘을 잡아 위쪽 완성선에 바늘을
아래에서 위로 꽂습니다.

03. 원단을 통과한 바늘을 잡아당겨 실 끝의
매듭이 원단 아래에 닿도록 팽팽하게 당
깁니다.

04. 실이 사선이 되도록 아래쪽 완성선에 바
늘을 꽂고 왼쪽으로 0.2~0.3cm 이동하
여 땀을 뜹니다.

05. 위로 올라온 바늘을 잡아당겨 실을 빼냅
    니다.

06. 실이 원단에서 뜨지 않도록 팽팽하게 당
    깁니다.

07. 실이 위쪽 완성선에서 삼각형이 되도록
    바늘 꽂을 위치를 확인합니다.

08. 잡은 위치에서 오른쪽에서 왼쪽으로 0.2
    ~0.3cm 정도의 땀을 뜹니다.

09. 위로 올라온 바늘을 잡아당겨 실이 뜨지
    않도록 팽팽하게 당깁니다.

10. 이번에는 아래 완성선에 실이 삼각형이 되
    도록 바늘 꽂을 위치를 확인하고 오른쪽에
    서 왼쪽으로 0.2~0.3cm 정도의 땀을 뜹
    니다.

11. 위로 올라온 바늘을 잡아당겨 실이 뜨지 않
도록 팽팽하게 당깁니다.

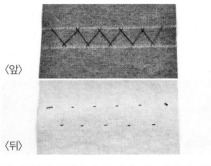

〈앞〉

〈뒤〉

12. 동일한 방법으로 끝까지 바느질하여 매듭
을 지으면 새발뜨기가 마무리됩니다.

온박음질

온박음질은 바느질을 튼튼하게 할 때 사용하는 바느질 기법으로 뒤로 땀을 뜬 후 앞으로 바늘을 빼내는 방법입니다.
바늘을 앞으로 빼내고 뒤쪽으로 0.3cm 땀을 뜬 후, 그 땀의 두 배인 0.6cm 앞쪽으로 바늘을 빼냅니다. 다시 첫 번째 땀 옆에 바늘을 넣고 0.6cm 앞쪽으로 바늘을 빼, 갔다가 되돌아오는 느낌으로 바느질하면 됩니다. 이때 바느질 선을 앞에서 봤을 때 땀이 구분되도록 하는 것이 중요합니다.

준비물 · 바늘, 실, 시접자, 초크펜슬, 천(원단), 가위

How to make

01. 바느질 연습을 위해 원단에 초크펜슬로 완성선(약 1cm내외)을 긋습니다.

02. 왼손으로 원단의 오른쪽 끝을 잡고 오른손으로 바늘을 잡아 완성선의 오른쪽 끝에서 1cm 왼쪽에 아래에서 위로 바늘을 꽂습니다.

03. 원단을 통과한 바늘을 잡고 실 끝의 매듭이 원단에 닿도록 팽팽하게 당깁니다.

04. 실이 나온 곳에서 오른쪽으로 0.3cm 정도 떨어진 곳에 바늘을 꽂습니다.

05. 바늘을 꽂은 상태에서 왼쪽으로 0.6cm
    정도 이동하여 땀을 뜹니다.

06. 위로 올라온 바늘을 잡고 실이 엉키지 않
    도록 주의하면서 잡아당깁니다.

07. 실을 팽팽하게 잡아당겨 원단에서 땀이 뜨
    지 않도록 합니다.

08. 바늘을 오른쪽으로 0.3cm 이동하여 첫
    번째 뜬 땀의 바로 옆에 꽂습니다.

09. 바늘을 꽂은 상태에서 왼쪽으로 0.6cm
    이동하여 땀을 뜹니다.

10. 위로 나온 바늘을 잡아당겨 실이 엉키지
    않고 원단에서 뜨지 않도록 팽팽하게 잡아
    당깁니다.

11. 다시 바늘을 오른쪽으로 0.3cm 이동해 두 번째 땀 옆에 꽂고 왼쪽으로 0.6cm 이동해 땀을 뜹니다.

12. 실이 팽팽해지도록 바늘을 잡아당겨 원단에서 실이 뜨지 않도록 합니다.

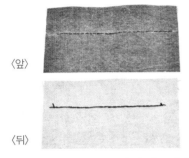

〈앞〉

〈뒤〉

13. 동일한 방법으로 끝까지 바느질하여 매듭을 지으면 온박음질이 마무리됩니다.

반박음질

반박음질은 온박음질의 반 땀을 뜨는 기법입니다. 겉에서 보기에는
고운 홈질과 같아 보이지만 고운 홈질보다는 튼튼하고 온박음질보
다는 약한 것이 특징입니다.

반박음질을 할 때는 바늘을 앞으로 빼내 뒤로 0.2cm의 땀을 뜬 후,
0.6cm 앞쪽으로 바늘을 빼냅니다. 그 다음 다시 뒤로 0.2cm 뜨고
0.6cm 앞으로 바늘을 빼내는 방식으로, 한 땀을 뜨고 난 다음 그 바
늘땀의 ⅓을 되돌아가서 뜨면 됩니다.

준비물   바늘, 실, 시접자, 초크펜슬, 천(원단), 가위

How to make

01. 바느질 연습을 위해 원단에 초크펜슬로 완
성선(약 1cm 내외)을 긋습니다.

02. 왼손으로 원단의 오른쪽 끝을 잡고 오른
손으로 바늘을 잡아 완성선의 오른쪽 끝
에서 1cm 왼쪽에 아래에서 위로 바늘을
꽂습니다.

03. 원단을 통과한 바늘을 잡고 실이 엉키지
않도록 주의하면서 실 끝의 매듭이 원단
에 닿도록 팽팽하게 당깁니다.

04. 실이 나온 곳에서 오른쪽으로 0.2cm 정
도 떨어진 곳에 바늘을 꽂습니다.

05. 바늘을 꽂은 상태에서 왼쪽으로 0.6cm
정도 이동하여 땀을 뜹니다.

06. 위로 올라온 바늘을 잡고 실이 엉키지 않
도록 주의하면서 당깁니다.

07. 실을 팽팽하게 잡아당겨 원단에서 땀이 뜨
지 않도록 합니다.

08. 다시 왼쪽에서 오른쪽으로 0.2cm 정도
이동하여 바늘의 위치를 잡고, 0.6cm의
땀을 뜨며 바느질합니다.

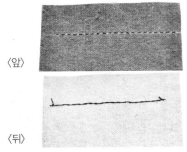

〈앞〉

〈뒤〉

09. 동일한 방법으로 끝까지 바느질하여 매듭
을 지으면 반박음질이 마무리됩니다.

상침(한 땀, 두 땀, 세 땀)

상침은 바늘땀의 횟수와 간격을 맞춰 겉에서 바느질하는 기법으로 온박음질과 비슷하지만 겉모양이 다르고 땀 수에 따라 한 땀 상침, 두 땀 상침, 세 땀 상침이라 부릅니다. 한 땀 상침은 반박음질과 같고 두 땀과 세 땀 상침은 온박음질을 두 땀, 세 땀씩 간격을 띄어 하는 것과 같습니다. 책에서는 세 땀 상침을 배우며 한 땀과 두 땀 상침은 같은 방법으로 땀 수만 조절하면 됩니다.

준비물	바늘, 실, 시접자, 초크펜슬, 천(원단), 가위

How to make

01. 바느질 연습을 위해 원단에 초크펜슬로 완성선(약 1cm 내외)을 긋습니다.

02. 왼손으로 원단의 오른쪽 끝을 잡고 오른손으로 바늘을 잡아 완성선의 오른쪽 끝에서 왼쪽으로 1cm 떨어진 곳에 바늘을 아래에서 위로 빼냅니다.

03. 실이 나온 곳에서 오른쪽으로 0.2cm 정도 떨어진 곳에 바늘을 꽂아 왼쪽으로 0.4cm 정도 이동하여 땀을 뜹니다.

04. 위로 올라온 바늘을 잡고 실이 엉키지 않도록 주의하며 잡아당깁니다.

05. 실을 팽팽하게 잡아당겨 원단에서 땀이 뜨지 않도록 합니다.

06. 바늘을 오른쪽으로 0.2cm 이동하여 첫 번째 뜬 땀의 바로 옆에 꽂은 다음 왼쪽으로 0.4cm 이동하여 땀을 뜹니다.

07. 위로 나온 바늘을 잡아당겨 실이 엉키지 않고 원단에서 뜨지 않도록 팽팽하게 잡아당깁니다.

08. 다시 오른쪽으로 0.2cm 정도 이동하여 두 번째 땀 옆에 바늘을 꽂고, 이번에는 왼쪽으로 0.6~0.7cm 이동하여 땀을 뜹니다.

09. 위로 올라온 바늘을 잡고 실이 엉키지 않도록 잡아당깁니다.

10. 다시 오른쪽으로 0.2cm 이동하여 바늘의 위치를 잡고 왼쪽으로 0.4cm 이동해 땀을 뜹니다.

11. 바늘을 잡아 실이 엉키지 않고 팽팽해지도
록 잡아당깁니다.

12. 오른쪽으로 0.2cm, 왼쪽으로 0.4cm 이동
하여 한땀을 뜨고, 실을 잡아당겨 팽팽하
게 합니다.

13. 오른쪽으로 0.2cm, 왼쪽으로 0.6~0.7cm
이동하여 한 땀을 뜹니다.

14. 실을 잡아당겨 팽팽하게 합니다.

15. 동일한 방법으로 끝까지 바느질하여 매듭
을 지으면 세 땀 상침이 마무리됩니다.

16. 동일한 방법으로 하되 두 땀씩 뜨면 두 땀
상침이 마무리됩니다.

사뜨기

사뜨기는 X자를 반복해서 바느질하는 기법으로 거북이 등과 비슷하다고 하여 귀갑치기라고도 불립니다. 주로 골무, 가위집, 안경집 등 두 개의 면을 이을 때 사용하며 가방이나 지갑 혹은 액세서리 등의 테두리에 사용하면 장식 효과를 줄 수 있습니다.

사뜨기는 일정한 모양과 간격을 유지하며 바느질하는 것이 좋으며, 이때 바늘땀을 깊게 뜨지 않도록 유의하고 가능하면 굵은 실을 사용하는 것이 좋습니다.

준비물 바늘, 실, 시침핀, 천(원단), 가위

How to make

01. 바느질 연습을 위해 원단을 위로 접어 잡습니다.

02. 잡은 원단을 위로 밀어 누르고 아래쪽의 원단을 뒤로 꺾어 두 겹으로 겹친 뒤 눌러 잡습니다.

03. 접은 원단의 아래에 시침핀을 꽂아 고정합니다. 두 장의 원단을 이을 때는 각 원단의 시접끼리 맞닿게 잡고 시침핀으로 고정합니다.

04. 바늘을 접은 원단과 원단 사이로 넣어 왼쪽 원단에 통과시킵니다.

05. 바늘 끝이 몸을 향하도록 잡아 빼내고 실을 팽팽하게 잡아당겨 매듭이 원단에 닿도록 합니다.

06. 바늘을 위로 0.4~0.5cm 이동하여 오른쪽에서 왼쪽으로 평행하게 넣습니다.

07. 바늘을 오른손으로 잡아당겨 실이 엉키지 않고 팽팽해지도록 만듭니다.

08. 이번에는 아래로 0.4~0.5cm 이동하여 왼쪽 땀 바로 옆에 오른쪽에서 왼쪽으로 수평이 되도록 바늘을 넣습니다.

09. 실이 엉키지 않고 팽팽해지도록 바늘을 잡아당겨 X자를 만듭니다.

10. 다시 바늘을 위쪽으로 0.4~0.5cm 이동하여 오른쪽에서 왼쪽으로 평행하게 넣습니다. 조금 전 만든 X자의 살짝 위에 꽂으면 됩니다.

11. 나온 바늘을 오른손으로 잡아 실이 엉키지
않고 팽팽해지도록 당깁니다.

12. 아래의 오른쪽 땀 옆에 오른쪽에서 왼쪽으
로 수평이 되도록 바늘을 넣습니다.

13. 나온 바늘을 오른손으로 잡아 실이 엉키지
않고 팽팽해지도록 당깁니다.

14. 다시 위로 0.4~0.5cm 이동하여 바늘을
꽂고 실을 잡아당겨 엉키지 않고 팽팽해지
도록 만듭니다.

15. 아래의 오른쪽 땀 옆에 수평이 되도록 바
늘을 꽂고 실이 엉키지 않고 팽팽해지도록
잡아 당겨 X자를 만듭니다.

〈앞〉

〈뒤〉

16. 동일한 방법으로 끝까지 바느질하여 매듭
을 지으면 사뜨기가 마무리됩니다.

휘감치기

휘감치기는 원단의 끝을 살짝 접어 올이 풀리지 않도록 성글게 감치는 기법입니다. 주로 1~1.5cm 정도의 간격으로 바느질하며, 경우에 따라 휘감치기를 시침질 대용으로 활용해 두 장의 원단을 바느질하기도 합니다.

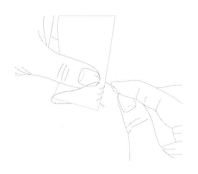

준비물   바늘, 실, 시접자, 초크펜슬, 천(원단), 시침핀, 가위

How to make

01. 바느질 연습을 위해 원단을 반으로 접습니다. 실제 활용할 때는 원단의 가장자리를 접어 휘감치기합니다.

02. 접은 부분에서 0.5~0.8cm 정도 이동하여 초크펜슬로 완성선을 긋습니다.

03. 시침핀으로 원단을 고정한 다음 원단의 뒤에서 앞으로, 아래에서 위로 바늘을 꽂습니다.

04. 바늘을 잡아당겨 매듭이 원단에 닿도록 합니다.

05. 실이 나온 곳에서 1cm 위에 바늘 꽂을 위치를 정하고 뒤에서 앞으로, 아래에서 위로 원단을 감듯이 바느질합니다.

06. 실을 잡아당겨 사선이 되도록 만듭니다.

07. 다시 위로 1cm 이동하여 바늘을 꽂고 같은 방법으로 바느질합니다.

08. 실을 잡아당겨 사선이 되도록 만듭니다.

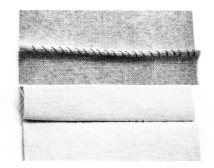

09. 동일한 방법으로 끝까지 바느질해 매듭을 지으면 휘감치기가 마무리됩니다.

공그르기

바늘땀이 겉으로 보이지 않도록 속으로 뜨는 바느질 기법으로, 주로
창구멍을 메울 때 사용합니다. 공그르기를 할 때, 실을 바짝 잡아당
기면 바느질한 부분이 울게 되므로 적당한 힘 조절이 필요합니다.

준비물	바늘, 실, 시접자, 천(원단) 2장, 뼈인두, 시침핀, 가위

How to make

01. 두 장의 원단에 각각 0.7cm의 시접을 잡
고 뼈인두로 누릅니다.

02. 뼈인두로 누른 시접을 안쪽으로 꺾어 두
장의 원단(안)이 마주보도록 잡은 다음 시
침핀으로 고정합니다.

03. 바늘을 두 원단 사이에 넣고, 아래쪽 원단
의 사이로 바늘을 넣어 겉으로 땀이 보이
지 않도록 위로 빼내 실을 팽팽하게 잡아
당깁니다.

04. 바늘을 뺀 부분의 바로 위쪽 원단에 바늘
을 넣어 실이 직선이 되도록 합니다.

05. 바늘을 넣은 상태에서 왼쪽으로 0.2~0.3cm
이동하여 바늘을 뺍니다. 이때 겉감에 바늘
땀이 보이지 않도록 시접 위쪽으로 뺍니다.

06. 바늘을 잡아당겨 실이 팽팽해지도록 만듭
니다.

07. 이번엔 아래쪽 원단에 실이 직선이 되도록
바늘을 넣고, 왼쪽으로 0.2~0.3cm 이동
하여 바늘을 빼 실이 팽팽해지도록 잡아
당깁니다.

08. 위쪽 원단의 시접으로 바늘을 넣어 0.2~
0.3cm 왼쪽으로 이동한 후 바로 아래쪽
원단에 바늘을 넣어 0.2~0.3cm 이동하
여 바늘을 빼내면 조금 더 빠르게 바느질
할 수 있습니다.

09. 꺾은 시접의 아래쪽으로 깊게 바느질하면
시접이 들리게 되므로 너무 깊게 뜨지 않
도록 주의합니다.

〈앞〉

〈뒤〉

10. 동일한 방법으로 끝까지 바느질해 매듭을
지으면 공그르기가 마무리됩니다.

솔기처리법
• 가름솔

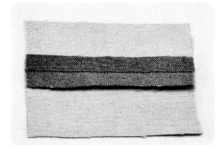

홈질이나 박음질을 끝낸 원단을 뒤집어 시접을 양쪽으로 갈라 솔기를 정리하는 방법입니다.
다림질로 반듯하게 다리면 됩니다.

1. 바느질 후 원단을 뒤집어서 솔기를 확인합
니다.

2. 솔기의 양쪽을 갈라 납작하게 폅니다.

3. 가른 솔기의 양쪽을 다리미로 반듯하게
다리면 마무리됩니다.

• 홑솔

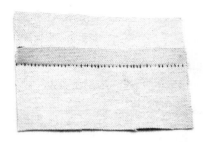 

바느질한 후 시접을 필요에 따라 한쪽으로 몰아 솔기를 정리하는 방법입니다.

1. 바느질 후 원단을 뒤집어서 시접을 확인합
   니다.

2. 위 또는 아래쪽으로 두 겹의 시접을 누릅
   니다.

3. 누른 시접을 다리미로 반듯하게 다리면
   마무리됩니다.

앞서 배운 기초 바느질 기법을 일상생활에서 활용할 수 있는 방법을 소개합
니다. 떨어진 단추를 다는 방법이나 양말 꿰매기, 바지 수선 등 간단하지만
생활에 아주 유용한 바느질을 담았습니다.

생활 속의 바느질 활용

단추 달기① _ X자 단추 달기

X자 단추 달기는 단추를 꿰맬 때 실을 대각선으로 교차하며 바느질하는 기법으로 단추의 윗부분과 아래 원단이 모두 X자 형태로 마무리된다는 것이 특징입니다.
실은 두 겹으로 겹쳐서 바느질하는 것이 좋으며, 단추달기가 끝난 후 뒷면의 마무리를 잘해야 단추가 다시 떨어지지 않습니다.

준비물   단추, 바늘, 실, 초크펜슬, 천(원단), 가위

How to make

01. 실의 양끝을 바늘귀에 넣어 두 겹으로 만들고, 실의 고리 부분이 매듭 역할을 할 수 있도록 길게 늘입니다.

02. 단추를 달 위치를 초크펜슬로 표시합니다.

03. 표시한 위치에 단추를 놓고 원단 아래에서 위로 바늘을 넣어 4개의 단춧구멍 중 한 개의 구멍으로 바늘을 뺍니다.

04. 바늘을 잡아당기되 실을 끝까지 **빼지** 말고 약간의 실 고리를 남겨둡니다.

05. 바늘이 나온 단춧구멍에서 대각선에 위치한 단춧구멍에 바늘을 넣습니다.

06. 원단의 뒤로 바늘이 나오면 4번 과정에서 남겨둔 실 고리 안에 바늘을 넣습니다.

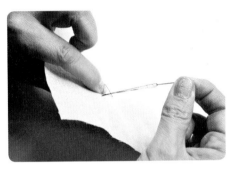

07. 실이 꼬이지 않도록 실 고리를 왼손으로 잡고 오른손으로는 나온 바늘을 잡아당깁니다.

08. 다시 맨 처음에 넣었던 단춧구멍으로 바늘을 넣습니다.

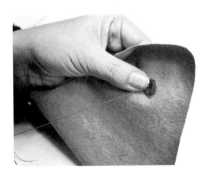

09. 바늘을 위로 빼내 오른손으로 잡아당깁니다. 실이 엉킬 수 있으므로 상태를 확인하면서 팽팽하게 당깁니다.

10. 다시 대각선에 위치한 단춧구멍에 바늘을 넣고 뒤에서 잡아당깁니다.

11. 이번에는 실이 감기지 않은 다른 단춧구멍에 아래에서 위로 바늘을 꽂습니다.

12. 위로 나온 바늘을 잡고 실이 엉키지 않도록 잡아당겨 팽팽하게 만듭니다.

13. 바늘이 나온 단춧구멍에서 대각선에 위치한 단춧구멍으로 바늘을 넣습니다.

14. 뒤로 나온 바늘을 잡고 실이 팽팽해지도록 당깁니다.

15. 한 번 더 바느질하기 위해 11번 과정에서 바늘을 꽂은 위치에 다시 바늘을 꽂아 잡아당깁니다.

16. 대각선에 위치한 단춧구멍에 바늘을 꽂습니다.

뒤로 나온 바늘을 잡고 실이 엉키지 않도
록 잡아당깁니다.

실을 팽팽하게 잡아당겨 바늘허리에 두어
번 감습니다.

왼손으로 바늘에 감은 실이 풀어지지 않게
잡고 매듭지을 곳 위에 바늘을 위치시킵
니다.

살짝 한 땀을 뜨고 바늘을 밀어 넣습니다.

오른손으로 감긴 실이 풀리지 않도록 매듭
부분을 누르고 왼손으로 바늘을 바짝 잡아
당겨 매듭을 짓습니다.

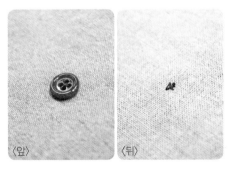

가위로 매듭 끝을 잘라 정돈하면 X자 단추
달기가 완성됩니다.

단추 달기② _ 11자 단추 달기

11자 단추 달기는 단추를 달 위치를 정확하게 표시한 다음 단춧
구멍을 각각 두 개씩 나란히 바느질하는 기법입니다.
바늘에 실을 두 겹으로 끼워 사용하는 것이 좋으며 단추를 다
달고 난 후 뒤에서 매듭지어 마무리하면 완성입니다.

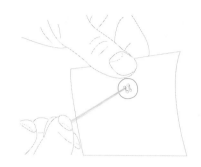

준비물   단추, 바늘, 실, 초크펜슬, 천(원단), 가위

How to make

01. 실의 양끝을 바늘귀에 넣어 두 겹으로 만들고, 실의 고리 부분이 매듭 역할을 할 수 있도록 길게 늘입니다.

02. 원단에 단추를 달 위치를 초크펜슬로 표시합니다.

03. 표시한 위치에 단추를 놓고 원단의 아래에서 위로 바늘을 넣어 4개의 단춧구멍 중 한 개의 구멍으로 빼냅니다.

04. 바늘을 잡아당기되 실을 끝까지 빼지 말고 약간의 실 고리를 남겨둡니다.

바늘이 나온 단춧구멍의 바로 아래에 있는 단춧구멍에 바늘을 넣습니다.

원단의 뒤로 바늘이 나오면 4번 과정에서 남겨둔 실 고리 안에 바늘을 넣습니다.

실이 꼬이지 않도록 주의하며 실 고리 안으로 나온 바늘을 잡아당깁니다.

다시 처음에 넣었던 단춧구멍으로 바늘을 넣고 위로 빼내 오른손으로 잡아당깁니다. 실이 엉킬 수 있으므로 상태를 확인하면서 팽팽하게 당깁니다.

5번 과정에서 넣은 단춧구멍에 다시 바늘을 넣고 뒤로 나온 바늘을 오른손으로 잡아당겨 단추에 실을 총 두 번 감습니다.

실이 감기지 않은 다른 단춧구멍에 아래에서 위로 바늘을 넣습니다.

11. 위로 나온 바늘을 잡고 실이 엉키지 않도록
잡아당깁니다.

12. 바늘이 나온 단춧구멍에서 바로 아래에 비
어있는 단춧구멍으로 바늘을 넣습니다.

13. 뒤로 나온 바늘을 잡아당겨 실을 팽팽하게
만들고, 10번 과정과 동일한 위치에 바늘
을 넣습니다.

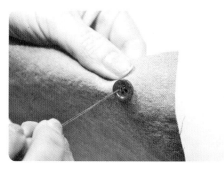

14. 아래에서 위로 나온 바늘을 잡아당깁니다.
이때 실이 엉키지 않게 주의합니다.

15. 바로 아래에 있는 단춧구멍으로 바늘을 꽂
아 뒤로 빼고 실을 잡아당깁니다.

16. 실을 팽팽하게 잡아당겨 바늘허리에 두어
번 감습니다.

17. 매듭지을 위치에서 왼손으로 실 고리를 만들어 당기고 오른손으로 바늘을 실 고리에서 빼냅니다.

18. 매듭이 원단에 바짝 닿아 지어지도록 왼손으로 누르면서 바늘을 당깁니다.

19. 매듭지은 곳에 바늘을 넣어 한 땀을 뜹니다.

〈앞〉 〈뒤〉

20. 실을 바짝 당겨 팽팽하게 만들고 가위로 매듭 끝을 잘라 정돈하면 11자 단추 달기가 완성됩니다.

단추 달기③ _ 단추 밑 감아달기(실기둥 만들어 달기)

단추 밑 감아달기는 다른 표현으로 실기둥 만들어 달기라고도 합니다. 일반적으로 단추를 달 때 단추가 원단과 너무 밀착되어 있으면 여닫을 때 불편하기 때문에 단추와 원단 사이를 실로 감아 공간을 띄워서 단추를 여닫기에 편리하도록 하는 팁이라고 볼 수 있습니다.

| 준비물 | 단추, 굵은 바늘, 바늘, 실, 초크펜슬, 천(원단), 가위 |

How to make

01. 원단에 단추를 달 위치를 초크펜슬로 표시 합니다.

02. 표시한 위치에 단추를 놓고 원단의 아래에서 위로 바늘을 넣어 4개의 단춧구멍 중 한 개의 구멍으로 바늘을 빼냅니다.

03. 바늘을 잡아당기되 실을 끝까지 빼지 말고 약간의 실 고리를 남겨둡니다.

04. 바늘이 나온 단춧구멍에서 대각선에 위치한 단춧구멍에 바늘을 넣습니다. 바로 아래에 있는 단춧구멍에 넣어 11자 단추 달기를 해도 좋습니다.

원단의 뒤로 바늘이 나오면 3번 과정에서 남겨둔 실 고리 안에 바늘을 넣습니다.

바늘을 잡아당겨 원단에 단추를 고정합니다.

07. 다시 처음에 넣었던 단춧구멍으로 바늘을 넣고 실이 엉키지 않도록 잡아당겨 팽팽하게 만듭니다.

08. 단추와 천 사이에 굵은 바늘을 넣습니다. 이때 바늘은 단추를 꿰맨 실과 실 사이에 넣습니다.

09. 대각선에 위치한 단춧구멍에 바늘을 넣고 잡아당깁니다.

10. 실이 감기지 않은 다른 단춧구멍에 아래에서 위로 바늘을 넣고, 실이 엉키지 않도록 주의하며 바늘을 잡아당깁니다.

11. 바늘이 나온 단춧구멍의 대각선에 위치한 단춧구멍으로 바늘을 넣고, 실이 엉키지 않도록 주의하며 잡아당깁니다.

12. 반복해서 단추를 한 번 더 감은 다음 바늘을 원단의 뒤로 빼냅니다.

13. 아래에 있는 바늘을 위로 빼되, 단추와 원단 사이로 빼고 실이 엉키지 않게 잡아당깁니다.

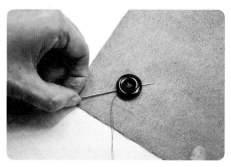

14. 8번 과정에서 끼워 넣은 굵은 바늘을 빼냅니다. 바늘의 굵기만큼 원단과 단추 사이에 실기둥을 만들 예정입니다.

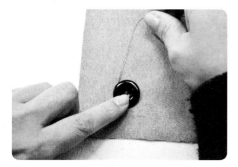

15. 단추와 원단 사이에 있는 실을 돌려 단추 아래에 여러 번 감습니다.

16. 단추 아래에 실이 적당히 감겨 기둥이 생기면 마지막으로 감은 실 사이에 바늘을 넣고 당겨서 묶습니다.

바늘을 단추 기둥 중앙에서 원단 뒷면으로 빼냅니다.

실을 팽팽하게 잡아당긴 다음 매듭지을 위치에 바늘을 올리고 바늘허리에 실을 두어 번 감습니다.

왼손으로 바늘허리에 감긴 실이 풀리지 않도록 잡고, 앞서 바느질한 실 사이로 한 땀을 뜹니다.

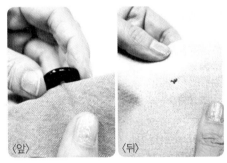

실을 바짝 당겨 팽팽하게 만들고 가위로 매듭 끝을 잘라 정돈하면 단추 밑 감아달기가 완성됩니다.

단추 달기④ _ 고리단추 달기

고리단추는 점퍼나 외투, 가방이나 파우치, 지갑 등에 많이 활용
되는 단추로 일반적인 단추와 달리 떨어질 가능성이 높기 때문에
단추 아래의 고리 부분을 견고하게 바느질해야 합니다.
실을 두 겹으로 끼워 사용하며 이미 달려있는 다른 단추의 고정
부분을 참고하여 바느질하면 됩니다.

준비물   고리단추, 바늘, 실, 초크펜슬, 천(원단), 가위

How to make

01. 원단에 단추를 달 위치를 초크펜슬로 표시
합니다.

02. 표시한 위치의 원단 아래에서 위로 바늘
을 넣고, 위로 올라온 바늘에 단추고리를
끼웁니다.

03. 바늘을 잡아당기되 실을 끝까지 빼지 말
고 약간의 실 고리를 남겨둡니다.

04. 실이 단추고리를 감싸고 있는 상태로 바
늘을 원단에 꽂고, 아래로 나온 바늘을 실
고리 안으로 넣습니다.

실 고리 안으로 나온 바늘을 잡아당깁니다.
이때 실이 엉키지 않도록 바짝 당깁니다.

반복하여 실을 감기 위해 처음 바늘을 넣
은 위치에 다시 바늘을 넣고, 단추고리를
끼웁니다.

나온 바늘을 잡아당겨 단추고리를 감싸고
다시 바늘을 원단 아래로 넣습니다.

아래로 나온 바늘을 잡아당겨 단추를 원
단에 고정시킵니다.

단추가 튼튼하게 달려있도록 처음 바늘을
꽂은 위치에 한 번 더 바늘을 넣습니다.

단추고리를 감싸고 바늘을 원단 아래로 빼
냅니다.

11. 매듭지을 자리 위에 바늘을 두고 허리에 실을 감습니다.

12. 왼손으로 실 고리를 만들어 당기고 오른손으로는 바늘을 실 고리에서 빼내 원단에 바짝 매듭을 짓습니다.

13. 매듭지은 곳에 바늘을 넣어 한 땀을 뜹니다.

14. 실을 바짝 당겨 팽팽하게 만들고 가위로 매듭 끝을 잘라 정돈하면 고리단추 달기가 완성됩니다.

단추 달기⑤ _ 스냅단추(똑딱단추) 달기

스냅단추(똑딱단추)는 용도에 따라 크기와 재질이 다르지만 바느질로 다는 방법은 동일합니다. 크기에 따라 사방의 바느질 횟수를 적당히 조절하고, 단추(볼록, 오목)의 요철 부분이 정확히 일치하도록 처음부터 표식을 정하고 바느질하면 됩니다.

준비물 스냅단추, 바늘, 실, 초크펜슬, 천(원단), 가위

How to make

01. 볼록 스냅단추를 달 위치를 초크펜슬로 표시합니다.

02. 표시한 위치에 단추를 놓고 원단 아래에서 위로 바늘을 넣어 4개의 단춧구멍 중 한 개의 구멍으로 바늘을 빼냅니다.

03. 바늘을 잡아당기되 실을 끝까지 빼지 말고 약간의 실 고리를 남겨둡니다.

04. 바늘이 나온 단춧구멍에서 바깥쪽으로 바늘을 넣어 실이 단춧구멍을 감싸도록 합니다.

05. 원단의 뒤로 바늘이 나오면 3번 과정에서 남겨둔 실 고리 안에 바늘을 넣고 잡아당 깁니다. 이때 실이 꼬이지 않도록 실 고리를 왼손으로 잡고 바늘을 당깁니다.

06. 처음에 넣었던 단춧구멍으로 바늘을 넣고 실이 팽팽해지도록 잡아당깁니다.

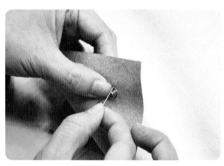

07. 바늘이 나온 단춧구멍에서 바깥쪽으로 바늘을 넣습니다(두 번 감기).

08. 원단의 뒤로 나온 바늘을 잡고 실을 팽팽하게 당깁니다.

09. 다시 처음에 넣었던 단춧구멍 안으로 바늘을 넣고 실을 팽팽하게 당깁니다.

10. 바늘이 나온 단춧구멍에서 바깥쪽으로 바늘을 넣고(세 번 감기), 원단의 뒤로 나온 바늘을 잡고 실을 팽팽하게 당깁니다.

11. 실이 세 번 감긴 모습입니다.

12. 바늘을 원단 아래에서 위로 넣어 두 번째 단춧구멍으로 빼낸 뒤 실을 당겨 팽팽하게 만듭니다.

13. 바늘이 나온 단춧구멍에서 바깥쪽으로 바늘을 넣어 당깁니다. 같은 방법으로 총 세 번 감습니다.

14. 같은 방법으로 세 번째와 네 번째 단춧구멍도 각각 세 번씩 감습니다.

15. 마지막 단춧구멍까지 세 번 감은 후 원단의 뒤로 바늘을 빼내고, 매듭지을 자리 위에서 바늘허리에 실을 감습니다.

16. 왼손으로 실 고리를 만들어 당기고 오른손으로는 바늘을 실 고리에서 빼내 원단에 바짝 매듭을 짓습니다.

17. 매듭지은 곳에 바늘을 넣어 한 땀을 뜹니다.

18. 실을 바짝 당겨 팽팽하게 만들고 가위로 매듭 끝을 잘라 정돈하면 볼록 스냅단추 달기가 완성됩니다.

19. 볼록 스냅단추에 맞춰 오목 스냅단추의 위치를 초크펜슬로 표시합니다.

20. 표시한 위치에 단추를 놓고 원단 아래에서 위로 바늘을 넣어 4개의 단춧구멍 중한 개의 구멍으로 바늘을 빼냅니다.

21. 바늘을 잡아당기되 실을 끝까지 빼지 말고약간의 실 고리를 남겨둡니다.

22. 바늘이 나온 단춧구멍에서 바깥쪽으로 바늘을 넣어 실이 단춧구멍을 감싸도록 합니다.

23. 원단의 뒤로 바늘이 나오면 21번 과정에서 남겨둔 실 고리 안에 바늘을 넣고 잡아당겨 실을 팽팽하게 합니다.

24. 바늘을 20번 과정에서 넣은 단춧구멍에 넣습니다.

25. 동일한 과정을 반복하여 세 번 감습니다.

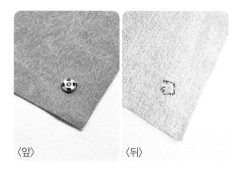

〈앞〉　　　　〈뒤〉

26. 동일한 과정을 반복하여 두 번째, 세 번째, 네 번째 단춧구멍도 각각 세 번씩 감습니다. 그 다음 뒤로 바늘을 빼내 매듭지으면 오목 스냅단추 달기가 완성됩니다.

27. 스냅단추가 제대로 맞물리면 한 쌍의 스냅단추 달기가 완성됩니다.

단춧구멍 만들기①

단춧구멍을 만들 때는 단춧구멍의 크기를 공식에 의해 정확히 표시하고 가능하면 원단과 유사한 색상의 실을 사용하도록 합니다. 실은 두꺼운 것이 좋으며 가는 실일 경우 두 겹 혹은 네 겹으로 겹쳐 사용합니다. 바느질은 틈이 없도록 붙여서 하는 것이 좋습니다.

준비물	단추, 바늘, 실, 시접자, 초크펜슬, 천(원단), 시침핀, 가위, 섬유본드, 면봉(막대)
바느질 기법	고운 홈질(p.32), 감침질(p.34)
단춧구멍 공식	단추 크기(지름) + 단추 두께
How to make	

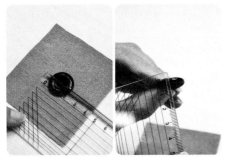

01. 단춧구멍 공식에 따라 구멍의 크기를 계산합니다. 여기서는 단추의 지름 2cm, 두께 0.3cm로 단춧구멍의 크기를 2.3cm로 계산했습니다.

02. 단춧구멍을 만들 원단 위에 구멍의 크기를 표시합니다.

03. 구멍의 크기에 맞춰 위아래에 0.2~0.3cm 정도의 테두리 선을 긋습니다.

04. 단춧구멍의 양끝을 맞춰 원단을 접고 시침핀으로 고정합니다.

05. 가위로 시침핀과 만나는 부분까지 재단해
단춧구멍을 만듭니다.

06. 재단한 원단의 올이 풀리지 않도록 섬유
본드를 면봉이나 막대에 살짝 묻혀 원단
의 단면에 바릅니다.

07. 바늘에 실을 두 겹으로 길게 끼우고 단춧
구멍에서 1cm 정도 떨어진 곳에 바늘을
넣어 단춧구멍 테두리 선을 표시한 곳에
서 빼냅니다.

08. 표시한 테두리 선을 따라 고운 홈질을 합
니다.

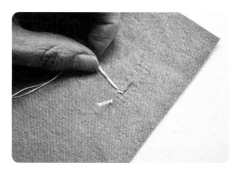

09. 단춧구멍의 테두리를 감치기 위해 바늘을
단춧구멍 사이로 넣어 테두리 선 바깥으
로 빼냅니다. 실이 두 겹이고 길기 때문에
잘 엉키니 꼬이지 않게 주의합니다.

10. 테두리 선을 따라 감침질합니다. 감친 실
옆으로 바늘을 넣으며 빈 곳을 메우듯이
감칩니다.

11. 옆면은 바늘을 살짝 오른쪽으로 틀면서 나
선형으로 둥글게 감칩니다.

12. 다시 테두리 선을 따라 감친 실 옆에 바늘
을 넣어 메우듯이 감칩니다.

13. 끝까지 감침한 후, 옆면은 마찬가지로 바늘
을 오른쪽으로 틀면서 처음 감침질을 시작
한 부분과 만날 때까지 둥글게 감칩니다.

14. 단춧구멍의 테두리를 모두 감치고 나면 원
단의 뒤로 바늘을 빼냅니다.

15. 감친 실 두어 땀 아래로 바늘을 넣어 한번
감습니다.

16. 다시 감친 실 여러 땀 아래로 바늘을 넣어
빼냅니다.

17. 실을 바짝 자릅니다. 이때 앞쪽의 고운 홈
질 매듭도 잘라내 정리합니다.

18. 단추를 끼워 구멍에 잘 들어가는지 확인하
면 단춧구멍 만들기가 완성됩니다.

단춧구멍 만들기②

단춧구멍 만들기①과는 다소 방법이 다르지만 속실을 미리 바느질하여 반듯하게 단춧구멍을 만들 수 있다는 장점이 있습니다. 물론 이번에도 두꺼운 실이나 겹실을 활용하여 만들어야 합니다.

준비물	단추, 바늘, 실, 시접자, 초크펜슬, 천(원단), 시침핀, 가위, 섬유본드, 면봉(막대)
바느질 기법	고운 홈질(p.32), 감침질(p.34)
단춧구멍 공식	단추 크기(지름) + 단추 두께
How to make	

01. 단춧구멍 공식에 따라 구멍의 크기를 계산합니다. 여기서는 단추의 지름 2cm, 두께 0.3cm로 단춧구멍의 크기를 2.3cm로 계산했습니다.

02. 단춧구멍을 만들 원단 위에 구멍의 크기를 표시합니다.

03. 구멍의 크기에 맞춰 위아래에 0.2~0.3cm 정도의 테두리 선을 긋습니다

04. 단춧구멍의 양끝을 맞춰 원단을 접고 시침핀으로 고정합니다.

05. 가위로 시침핀과 만나는 부분까지 재단해
단춧구멍을 만듭니다.

06. 재단한 원단의 올이 풀리지 않도록 섬유
본드를 면봉이나 막대에 살짝 묻혀 원단
의 단면에 바릅니다.

07. 바늘에 실을 두 겹으로 길게 끼우고 단춧
구멍에서 1cm 정도 떨어진 곳에 바늘을
넣어 단춧구멍 테두리 선을 표시한 곳에
서 빼냅니다.

08. 테두리 선을 따라 땀을 길게 떠 실기둥을
만들고 단춧구멍 끝에서 바늘을 빼냅니다.

09. 옆선은 고운 홈질을 합니다.

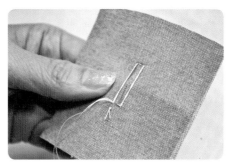

10. 다른 한쪽도 땀을 길게 떠 실기둥을 만들
고 옆선은 실기둥을 처음 시작한 곳까지
고운 홈질을 합니다.

11. 바늘을 단춧구멍 사이로 넣어 실기둥 바깥으로 빼냅니다.

12. 테두리 선을 따라 감침질을 합니다. 감친 실 옆으로 바늘을 넣으며 빈 곳을 메우듯이 감칩니다.

13. 끝까지 감침질을 한 다음 옆면은 오른쪽 테두리 선에서 바늘을 넣고 왼쪽 테두리 선 끝에서 바늘을 빼냅니다.

14. 같은 과정을 반복하여 두 줄을 만들고, 바늘을 단춧구멍에서 테두리 선 바깥으로 빼며 두 번 감친 다음 원단의 뒤로 빼냅니다.

15. 실을 잡아당겨 팽팽하게 만든 뒤, 뒷면의 감친 실 사이로 바늘을 넣습니다.

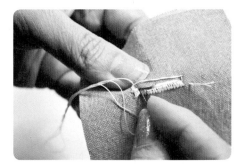

16. 나머지 단춧구멍을 감치기 위해 바늘을 테두리 선 바깥으로 빼내고, 테두리 선을 따라 감침질합니다.

17 옆면을 13번 과정과 14번 과정을 참고해 감침질하고 바늘을 원단의 뒤로 빼냅니다.

18. 뒷면의 감친 실 두어 땀 아래로 바늘을 넣어 한번 감습니다.

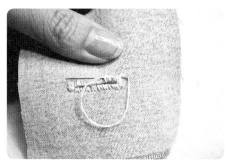

19. 다시 감친 실 여러 땀 아래로 바늘을 넣어 빼냅니다.

20. 실을 바짝 자릅니다. 이때 앞쪽의 실기둥 매듭도 잘라내 정리합니다.

단추를 끼워 구멍에 잘 들어가는지 확인하면 단춧구멍 만들기가 완성됩니다.

싸개단추 만들기

단추를 다는 방법과 단춧구멍을 만드는 방법을 알았으니 이제는 직접 단추를 만들어 보겠습니다. 여러 종류의 단추 중 싸개단추는 크기와 모양이 다양하며 예쁜 천을 사용해 간단하게 만들 수 있습니다.

• 싸개단추 만들기_바느질 활용

준비물 : 조각원단(4cm×4cm) 1장, 싸개단추 1쌍, 초크펜슬, 가위, 실, 바늘, 본드, 면봉(막대)
바느질 기법 : 홈질(p.32)

1. 조각원단의 뒷면에 위쪽 싸개단추를 올리고 초크펜슬로 본을 뜹니다.

2. 원형본에서 사방으로 1cm의 시접을 남기고 자릅니다.

3. 원형 본과 시접 사이인 0.5cm 위치에서 홈질을 시작합니다. 실 길이는 50cm 정도로 합니다.

4. 원둘레를 따라 끝까지 홈질하고, 홈질이 끝나면 중앙에 위쪽 싸개단추를 놓습니다.

5. 홈질한 실을 잡아당겨 원단으로 단추를 감쌉니다.

6. 지그재그로 실을 교차하면서 꿰매 원단을 단추에 고정시킨 다음 매듭을 짓습니다.

7. 위쪽 싸개단추의 아래 테두리에 면봉이나 막대를 이용하여 본드를 바릅니다.

8. 위쪽 싸개단추와 아래쪽 싸개단추를 맞춰 꾹 누릅니다.

9. 본드를 완전히 건조시켜 싸개단추가 떨어지지 않으면 완성입니다. 취향에 따라 다양한 색의 원단을 사용해 만들어도 좋습니다.

• 싸개단추 만들기_접착제 활용
준비물 : 조각원단(4cm×4cm) 1장, 싸개단추 1쌍, 초크펜슬, 가위, 섬유본드, 본드, 면봉(막대)

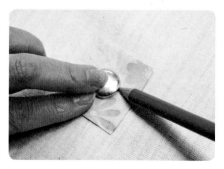

1. 조각원단의 뒷면에 위쪽 싸개단추를 올리고 초크펜슬로 본을 뜹니다.

2. 원형 본에서 사방으로 1cm의 시접을 남기고 자릅니다.

3. 원형 본을 중심으로 사방에 섬유본드를 묻힙니다.

4. 원단 중앙에 위쪽 싸개단추를 올립니다.

5. 섬유본드가 묻어있는 한쪽 원단을 바짝 당겨 싸개단추 안쪽에 붙입니다.

6. 반대쪽의 원단과 아래, 위쪽 원단도 바짝 당겨 붙입니다.

7. 모서리에 당겨지지 않은 원단도 마찬가지로 바짝 당겨 안쪽으로 눌러 넣습니다.

8. 위쪽 싸개단추의 아래 테두리에 면봉이나 막대를 이용하여 본드를 바릅니다.

9. 위쪽 싸개단추와 아래쪽 싸개단추를 맞춰 꾹 누릅니다.

10. 본드를 완전히 건조시켜 싸개단추가 떨어지지 않으면 완성입니다. 취향에 따라 다양한 색의 원단을 사용해 만들어도 좋습니다.

바지 수선① _ 바짓단 늘이기

하루가 다르게 쑥쑥 크는 아이들의 경우 1학년 때 입었던 교복바지가 짧아져서 새로 구입하는 일이 흔하게
일어납니다. 하지만 교복 가격이 만만치 않아 가능하면 바짓단을 늘여 수선하기도 하는데요. 굳이 세탁소
에 맡기지 않아도 집에서 바느질 몇 번이면 쉽게 바짓단을 늘일 수 있습니다.
바짓단 안쪽의 마무리 상태를 확인하고 여유 있는 범위 내에서 적당한 길이로 늘이면 되는데, 기존의 마무
리 된 단이 손상되지 않게 잘 뜯어 준비하고 바느질로 단을 정리하면 완성됩니다.

| 준비물 | 단을 늘일 바지, 실뜯개, 다리미, 시접자, 초크펜슬, 시침핀, 바늘, 실 |

| 바느질 기법 | 시침질(p.28), 새발뜨기(p.36) |

How to make

01. 실뜯개를 이용해 바짓단을 뜯어냅니다. 이
때, 옷감이 상하지 않도록 실뜯개의 빨간
볼을 바짓단 아래로 들어가게 하여 실을
뜯어냅니다.

02. 바짓단의 실을 다 뜯으면 접힌 부분을 펴
고 남아있는 실을 정리합니다.

03. 다리미를 이용해 바짓단의 구겨진 주름을
매끈하게 폅니다.

04. 바지를 뒤집어 안쪽의 재봉선이 밖으로
보이도록 합니다.

늘이기 전
완성선

05. 늘이기 전의 길이와 늘이고 싶은 길이를 초크펜슬로 표시합니다.

06. 밑단을 1cm 정도 접고, 접은 선이 펴지지 않도록 다리미로 다립니다.

07. 다려서 고정시킨 밑단을 완성선에 맞춰 눌러 접고, 접은 선이 펴지지 않도록 다시 다리미로 다립니다.

08. 다린 밑단이 펴지지 않도록 시침핀이나 시침질로 고정한 다음, 접은 부분에 맞춰 초크펜슬로 완성선을 표시합니다.

09. 완성선과 접지 않은 아래쪽 바짓단을 위아래로 교차하며 밑단을 새발뜨기합니다. 바늘땀이 겉에서 보이지 않도록 실 색상을 맞추고 땀은 작게 뜹니다.

10. 바짓단에 주름이 잡히지 않도록 주의하며 바짓단의 둘레에 맞춰 쭉 새발뜨기하면 바짓단 늘이기가 완성됩니다.

바지 수선② _ 바짓단 줄이기

바짓단을 줄일 때는 일반적으로 세탁소나 수선집에 맡기는 것이 보통입니다. 하지만 이럴 경우 양쪽 바짓단을 동일한 길이로 자르기 때문에 옷맵시가 잘 나지 않습니다. 바지를 줄인 후 옷이 예쁘지 않은 것 같은 이유가 바로 여기에 있습니다.

사람마다 체형이 다르고 양쪽 다리의 길이 역시 다르기 때문에 가능하면 오른쪽과 왼쪽 다리의 길이를 정확히 재서 수선하는 것이 좋습니다. 손바느질로 바짓단을 줄이면 시간과 비용을 절약할 수 있음은 물론 옷맵시도 살릴 수 있으니 한 번 해보는 것을 추천합니다.

| 준비물 | 단을 줄일 바지, 시접자, 초크펜슬, 재단가위, 다리미, 시침핀, 바늘, 실 |

| 바느질 기법 | 시침질(p.28), 새발뜨기(p.36) |

How to make

01. 줄이고 싶은 길이에 시접 3cm를 뺀 위치에 초크펜슬로 재단선을 표시합니다.

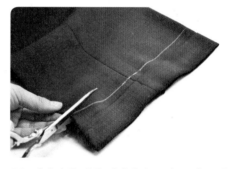

02. 재단선에 맞춰 재단가위로 필요 없는 부분을 잘라냅니다.

03. 안쪽의 재봉선이 보이도록 바지를 뒤집고, 초크펜슬로 시접 3cm를 그어 완성선을 표시합니다.

04. 밑단을 1cm 정도 접고 다리미로 다립니다.

다려서 고정시킨 밑단을 다시 1cm 접어 완성선에 맞추고 다리미로 다립니다.

다린 밑단이 펴지지 않도록 시침핀이나 시침질로 고정합니다.

접힌 밑단이 들리지 않도록 접혀 들어간 부분에 맞춰 초크펜슬로 완성선을 표시합 니다.

바짓단 안쪽으로 바늘을 넣고 밖으로 빼 냅니다.

완성선과 접지 않은 아래쪽 바짓단을 위 아래로 교차하며 새발뜨기를 합니다. 바 늘땀이 겉에서 보이지 않도록 실 색상을 맞추고 땀은 작게 뜹니다.

바짓단에 주름이 잡히지 않도록 주의하며 바짓단의 둘레에 맞춰 쭉 새발뜨기하면 바 짓단 줄이기가 완성됩니다.

바지 수선③ _ 바짓단 수선하기

간혹 바짓단이 뜯어져 너덜거리는 경우가 있는데 이럴 때 간편하게 수선하는 방법을 알려드립니다.
먼저 뜯어진 부분의 실밥을 잘 정리하고, 수선할 부분을 확인합니다. 실은 기존의 바짓단을 꿰맨 실
과 같은 색상의 실을 준비하고 꿰맨 부분이 바깥에 티가 나지 않도록 새발뜨기로 바느질하면 됩니다.

| 준비물 | 바짓단이 뜯어진 바지, 가위, 바늘, 실 |

| 바느질 기법 | 새발뜨기(p.36) |

How to make

01. 바짓단의 뜯어진 부분을 확인합니다.

02. 바짓단에 붙어있는 실과 풀린 올을 잘라
깔끔하게 정리합니다.

03. 뜯어진 바짓단에서 뜯어지지 않은 바짓단
안쪽으로 바늘을 1cm 정도 떨어진 곳에
시작점을 정합니다.

04. 기존의 오버로크 되어있는 부분에 맞춰
새발뜨기를 합니다.

05. 겉에서 바늘땀이 보이지 않도록 짧게 땀을 뜹니다.

06. 뜯어진 바짓단에서 뜯어지지 않은 바짓단으로 1cm 정도 겹치는 부분까지 새발뜨기 합니다.

07. 끝에서 매듭을 짓고 매듭을 바짓단의 안쪽으로 넣으면 바짓단 수선하기가 완성됩니다.

바지 수선④ _ 허리 고무밴드 교체하기

바지의 허리에 들어가는 고무밴드는 일반적인 고무밴드와 밴드형 고무밴드가 있는데 옷핀과 같은 부
자재를 활용하면 두 가지 다 손쉽게 허리에 넣을 수 있습니다. 사전에 고무밴드가 끊어진 부분을 확
인하여 뜰 부분을 잘 선정하고, 고무밴드를 새로 넣은 다음에는 뜬은 부분이 티 나지 않도록 바느
질로 깔끔하게 마무리합니다.

준비물	허리의 고무밴드가 끊어진 옷, 고무밴드, 바늘, 실, 실뜯개, 가위, 옷핀, 섬유본드
바느질 기법	온박음질(p39), 공그르기(p.52)
How to make	

01. 실뜯개를 사용해서 허리에 있는 바느질 선
을 찾아 실을 끊습니다.

02. 끊은 실을 정리하면서 뜯어낸 부분을 벌
립니다.

03. 끊어진 고무밴드를 손가락으로 밀어 구멍
으로 잡아 빼냅니다.

04. 새 고무밴드를 준비합니다. 고무밴드의
양쪽 끝에 섬유본드를 살짝 발라 올이 풀
리지 않도록 합니다.

05. 옷핀을 고무밴드 끝에 걸어줍니다.

06. 2번 과정에서 정리한 허리 구멍으로 옷핀을 밀어 넣습니다. 오른손으로 옷핀을 밀고 왼손으로 잡아당기면서 안으로 밀어 넣으면 됩니다.

07. 허리둘레에 고무밴드가 다 들어갈 때까지 왼손으로 잡아당기고 오른손으로 밀어 넣습니다.

08. 반대쪽 허리 구멍에 옷핀이 보이면 구멍 밖으로 옷핀을 빼냅니다.

09. 옷핀을 제거하고 고무밴드의 양쪽 끝을 1cm 정도 겹친 뒤 온박음질합니다.

10. 연결한 고무밴드가 보이지 않도록 허리 구멍에 밀어 넣습니다.

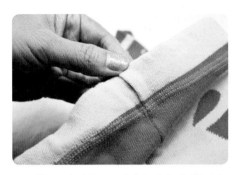

11. 허리 구멍 안쪽으로 시접을 넣어 정리합니다.

12. 허리 구멍을 공그르기하여 티가 나지 않도록 바느질합니다.

13. 매듭을 지어 공그르기를 마무리하고 옷을 정리하면 허리 고무밴드 교체하기가 완성됩니다.

지퍼달기

지퍼를 달 때는 사용하기 편한 위치를 선정하고 지퍼의 시작과 끝 길이와 양끝 원단의 폭을 고려하여 달아야 합니다. 지퍼 양면의 바느질은 어떤 바느질 기법이든 가능하지만 최대한 꼼꼼하게 바느질해야 쉽게 떨어지지 않습니다. 지퍼를 열고 닫을 때 조금 뻑뻑함이 있다면 초칠을 약간 해 부드럽게 만들어도 좋습니다.

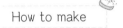

준비물	원단(22cm×10cm) 2장, 지퍼장식용 원단(5cm×3cm) 2장, 지퍼(21cm) 1개, 바늘, 실, 시접자, 초크펜슬, 다리미, 시침핀, 가위
바느질 기법	고운 홈질(p.32) 또는 반박음질(p.42)

How to make

01. 지퍼장식용 원단을 준비합니다. 원단의 양쪽 끝을 1cm씩 초크펜슬로 표시합니다.

02. 표시한 양쪽 끝을 손끝으로 눌러 접습니다.

03. 그 상태에서 반을 접은 뒤 다리미로 눌러 다립니다.

04. 다른 지퍼장식용 원단도 같은 과정을 반복하여 2장을 만듭니다.

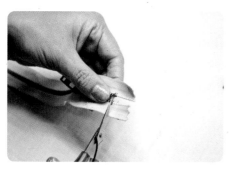

05. 지퍼의 양쪽 끝 원단을 반듯하게 자릅니다.

06. 4번 과정에서 만든 지퍼장식용 원단의 가운데에 지퍼의 끝부분이 맞닿게 넣습니다.

07. 지퍼가 빠지지 않도록 시침핀으로 지퍼장식용 원단과 지퍼를 고정시킵니다.

08. 손으로 원단과 지퍼를 움직이지 않게 잡은 상태에서 고운 홈질 또는 반박음질을 합니다.

09. 다른 한쪽도 동일한 방법으로 지퍼장식용 원단과 지퍼를 고정시켜 마무리합니다.

10. 지퍼를 달 원단에 시접을 안쪽으로 두 번 접어 다립니다.

11. 지퍼를 바닥에 똑바로 두고 양쪽에 시접을 접은 원단을 올립니다. 이때 원단은 지퍼 날에서 0.5cm 떨어진 부분에 맞춥니다.

12. 원단 끝에서 0.3cm 정도에 초크펜슬로 완성선을 표시합니다.

13. 시침핀으로 원단과 지퍼를 고정합니다.

14. 완성선을 따라 고운 홈질 또는 반박음질을 합니다.

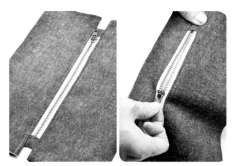

15. 다른 한쪽도 동일한 방법으로 마무리하면 지퍼달기가 완성됩니다.

양말 수선① _ 구멍 난 양말 꿰매기

예전에는 양말을 꿰매 신는 것이 당연했는데 요즘에는 이런 경우가 매우 드물죠. 양말이 저렴한데다
가 꿰매어 신기에는 번거롭기도 하고, 왠지 모르게 가난해 보인다는 인식 때문일 것입니다. 하지만 굳
이 양말이 아니어도 기모 스타킹이나 장갑 등에 응용할 수 있으니 수선법을 알아두는 것이 좋습니다.
양말의 경우 대부분 가는 니트 직조로 되어 있으므로 뒤집어서 양말 안쪽의 니트 올을 간단히 정리하
고 구멍 난 부분을 바느질하면 됩니다.

준비물	구멍 난 양말, 바늘, 실(양말과 동일한 색상), 가위
바느질 기법	감침질(p.34) 또는 고운 홈질(p.32) 또는 반박음질(p.42)
How to make	

01. 양말의 구멍 난 위치를 살핍니다.

02. 양말을 뒤집어 구멍 난 부분의 실올을 정
리합니다.

03. 구멍 난 부분을 반으로 접어 구멍의 테두
리끼리 맞춥니다.

04. 구멍에서 0.5cm 정도 떨어진 부분에 바늘
을 꽂고 감침질을 합니다.

05. 구멍이 메워지도록 바느질합니다. 감침질 대신 고운 홈질이나 반박음질을 해도 좋습니다.

06. 끝까지 감침질을 하되 구멍이 나지 않은 부분을 0.5cm 정도 더 바느질합니다. 바느질이 끝나면 매듭을 짓고 마무리합니다.

07. 양말을 다시 뒤집습니다.

08. 구멍이 났던 부분을 확인해 꼼꼼하게 메워졌으면 구멍 난 양말 꿰매기가 완성됩니다.

양말 수선② _ 해진 양말 덧대기

양말은 발가락 부분에 구멍이 나는 경우가 가장 많지만 발뒤꿈치 부분이 해지는 경우도 종종 있습니다. 구멍 난 곳을 메우듯이 감침질을 할 수도 있지만 여기서는 양말 안쪽에 천을 덧대어 수선하는 방법을 소개해드리겠습니다.

준비물	해진 양말, 덧댈 천, 바늘, 실(양말과 동일한 색상), 시침핀, 가위
바느질 기법	휘감치기(p.50)
How to make	

01. 양말 뒤꿈치의 해진 부분을 살핍니다.

02. 양말과 같은 색상의 천을 해진 부위보다 조금 크게 잘라 준비합니다.

03. 양말을 뒤집습니다.

04. 해진 부분에 준비한 원단을 올려 크기가 적당한지 확인합니다.

05. 준비한 원단의 겉면이 해진 부분과 맞닿
게 놓고 시침핀으로 고정합니다.

06. 사방을 휘감치기합니다. 이때 양말의 겉
에서 바늘땀이 보이지 않도록 땀을 짧게
뜹니다.

07. 사방을 전부 휘감치기한 다음 매듭을 지어
마무리합니다.

08. 양말을 뒤집어 해진 부분을 확인해 꼼꼼
하게 메워졌으면 해진 양말 덧대기가 완
성됩니다.

구멍 난 니트 수선하기

니트를 입고 나갔다가 모서리에 니트가 걸려 구멍이 생긴 경험이 모두 한 번쯤은 있을 것입니다. 니트에 구멍이 났을 때는 절대 니트 올에 손을 대면 안 됩니다. 니트는 털실로 짜여 있어 올을 당기거나 자르면 전체적으로 올이 풀려 옷이 망가지기 때문입니다.

구멍 난 니트는 먼저 비슷한 색상의 실을 준비하고 바늘을 안쪽에서 바깥쪽으로 통과시킨 다음 풀린 올을 실로 감아 고정하는 방식으로 수선할 수 있습니다.

준비물   구멍 난 니트, 바늘, 실(니트와 동일한 색상), 가위

How to make

01. 니트의 구멍 난 부분을 확인합니다. 니트는 옷의 안쪽에서 바느질을 해야 하므로 안쪽에서 구멍 난 부분을 살핍니다.

02. 풀어진 올을 정리합니다. 이때 올을 당기거나 올 자체를 풀면 안 됩니다.

03. 구멍이 난 부분에서 나지 않은 부분으로 0.5cm 떨어진 니트 실 사이로 바늘을 넣고 당겨 실의 매듭을 짓습니다.

04. 니트의 고리와 고리 안쪽으로 바늘을 넣습니다.

05. 바늘을 잡아당겨 니트의 고리와 고리가 연결되도록 실을 당깁니다.

06. 구멍 난 부분을 사이에 두고 양옆 니트의 고리와 고리 안으로 바늘을 넣고 당깁니다.

07. 니트의 구멍이 다 메워질 때까지 반복하여 바느질합니다.

08. 실을 팽팽하게 당기고 바늘허리에 실을 감아 매듭을 지은 다음, 니트 실 사이로 바늘을 넣어 마무리합니다.

09. 실을 바짝 당겨 자른 다음 니트의 앞과 뒤를 확인해 구멍이 잘 메워졌으면 구멍 난 니트 수선하기가 완성됩니다.

뜯어진 주머니 수선하기

뜯어진 주머니의 경우 뜯어진 부분의 실을 잘 정리하고 옷 안쪽에서 바느질하여 옷의 바깥쪽이나 주
머니 둘레에 바느질 자국이 남지 않도록 해야 합니다. 기존 바느질된 부분을 맞춰 바느질을 하면 티
나지 않고 튼튼하게 수선할 수 있습니다.

준비물	주머니가 뜯어진 옷, 바늘, 실(주머니와 동일한 색상), 가위
바느질 기법	반박음질(p.42) 또는 온박음질(p.39)
How to make	

01. 뜯어진 주머니의 상태를 살핍니다.

02. 뜯어진 부분의 실올을 정리하고 주머니를
위치에 맞춰 놓습니다.

03. 매듭을 숨기기 위해 주머니 안쪽으로 바
늘을 넣고 주머니 위쪽으로 빼 실을 당깁
니다.

04. 주머니의 재봉선에 맞춰 반박음질 또는
온박음질을 합니다.

05. 옷의 안쪽에 안감이 있는 경우 주머니를 수선할 때 안감을 함께 바느질하지 않도록 주의합니다.

06. 재봉선을 따라 쭉 바느질하되 뜯어지지 않은 부분 쪽으로 1cm 정도 더 바느질해 단단하게 고정합니다.

07. 바느질이 끝나면 매듭을 짓고, 매듭진 부분으로 바늘을 넣어 안감 쪽으로 빼냅니다.

08. 실을 팽팽하게 당긴 다음 실을 자르면 원단과 안감 사이에 매듭을 숨길 수 있습니다.

09. 주머니의 안쪽과 바깥쪽을 확인해 단단하게 바느질이 되면 뜯어진 주머니 수선하기가 완성됩니다.

기초 바느질 기법을 익히고, 생활 속에서 충분히 응용했다면 간단한 소품을
직접 만들 수 있습니다. 바느질 초보도 쉽게 만들 수 있는 핀쿠션부터 실용도
높은 파우치까지 다양한 소품 만드는 방법을 소개합니다.

간단한 소품 만들기

파우치

일상생활에서 다양하게 사용하는 파우치는 원단과 약간의 부자재(지퍼 혹은 스냅단추 등)만 있으면 기본적인 바느질 기법으로도 손쉽게 만들 수 있는 소품입니다. 홈질이나 반박음질만 사용해서 간단하게 만들기 때문에 초보자가 도전하기에 부담이 없고, 용도에 따라 다양한 크기로 만들 수 있어 실용성도 높습니다. 바느질에 어느 정도 익숙해졌다면 파우치 안쪽에 별도의 주머니를 만들어 응용하는 것도 좋습니다.

준비물	겉감(21cm×30cm) 1장, 안감(21cm×30cm) 1장, 지퍼장식용 원단(3cm×4cm) 2장, 지퍼(21cm) 1개, 기화펜(초크펜슬), 시접자, 바늘, 실, 시침핀, 다리미, 가위
바느질 기법	고운 홈질(p.32) 또는 반박음질(p.42), 시침질(p.28), 공그르기(p.52), 지퍼달기(p.99)

01. 지퍼장식용 원단을 준비합니다. 원단의 4cm 부분을 4등분하여 위아래를 1cm씩 접습니다.

02. 접은 원단을 다시 반으로 접고 다리미로 눌러 다립니다.

03. 같은 과정을 반복하여 2장을 만듭니다.

04. 지퍼 끝의 원단을 반듯하게 자릅니다.

05. 3번 과정에서 만든 지퍼장식용 원단 사이에 지퍼의 끝부분을 넣고 고운 홈질 또는 반박음질을 합니다.

06. 반대쪽도 마찬가지로 지퍼장식용 원단 사이에 지퍼를 넣고 바느질합니다.

07. 바닥에 겉감의 무늬가 위쪽으로 보이게 펴고, 양쪽에 시접 1cm를 남긴 상태에서 겉감 윗선에 맞춰 지퍼를 뒤집어 올립니다. 이때 지퍼와 겉감의 바깥면이 서로 맞닿아야 합니다.

08. 안감을 7번 과정 위에 맞춰 올립니다.

09. 안감과 지퍼, 겉감을 시침질로 고정하고, 원단 쪽으로 0.5cm 들어간 위치에 기화펜(초크펜슬)으로 완성선을 표시합니다.

10. 완성선을 따라 고운 홈질 또는 반박음질을 하고 시침실을 제거합니다.

11. 안감을 펼쳐 겉감 뒤로 보냅니다.

12. 겉감을 반으로 접어 겉감의 끝을 나머지 한쪽 지퍼에 맞춥니다.

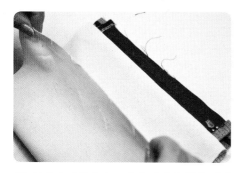

13. 안감도 마찬가지로 접어 나머지 한쪽 지퍼에 맞춥니다.

14. 각각 겉감의 바깥면과 안감의 바깥면끼리 접어 겹쳐진 모습입니다.

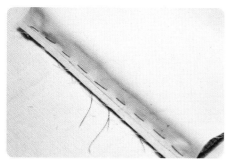

15. 겹친 안감과 지퍼, 겉감을 시침질로 고정한 후, 원단 쪽으로 0.5cm 들어간 위치에 완성선을 긋습니다.

16. 완성선을 따라 고운 홈질 또는 반박음질을 하고 시침실을 제거합니다.

17. 겉감은 겉감끼리 안감은 안감끼리 맞대 펼칩니다.

18. 지퍼를 열어둔 상태에서 겉감 두 겹과 안감 두 겹이 어긋나지 않도록 맞춥니다.

19. 시침핀을 꽂아 원단이 밀리지 않도록 고정
시킵니다.

20. 원단의 양쪽을 바느질하기 위해 위아래에
각각 시접 1cm를 남기고 완성선을 기화펜
(초크펜슬)으로 표시합니다.

21. 완성선을 그은 다음 안감에 5cm 정도의
창구멍을 표시합니다.

22. 창구멍을 제외한 나머지 부분은 완성선을
따라 고운 홈질 또는 반박음질합니다. 창구
멍의 끝부분에는 여분의 실을 남겨둡니다.

23. 시접을 0.5cm 정도만 남기고 잘라냅니다.

24. 창구멍으로 손가락을 넣어 원단을 뒤집어
줍니다.

25. 겉감(안)은 겉감끼리 안감(안)은 안감끼리
마주보게 빼냅니다.

26. 22번 과정에서 남겨놓은 여분의 실을 바
늘에 꿰어 창구멍을 공그르기합니다.

27. 바늘을 이용해 겉감과 안감의 모서리를 빼
내어 네모 모양으로 매만집니다.

28. 안감을 겉감의 안쪽으로 넣고 정리하면 파
우치가 완성됩니다.

카드지갑

겉감과 안감, 접착솜 등을 활용하여 간단하게 만드는 카드지갑은 원하는 크기와 재질에 따라 다양하게 만들 수 있습니다. 카드지갑을 만들 때 겉감의 테두리에 장식 바느질을 하면 개성을 살릴 수 있고, 겉면에 자수를 놓으면 더욱 예쁜 나만의 카드지갑을 만들 수 있습니다. 여기에서는 린넨을 사용해 시원한 느낌의 카드지갑을 만들었는데, 빨간색 실로 테두리를 홈질해 포인트를 주었습니다.

준비물	겉감(24cm×10cm) 1장, 안감(24cm×10cm) 1장, 접착솜(21cm×8cm) 1장, 포켓용 원단(11cm×10cm) 1장, (12cm×10cm) 1장, 스냅단추, 뼈인두, 시접자, 초크펜슬, 바늘, 실, 다리미, 시침핀, 가위
바느질 기법	고운 홈질(p.32), 시침질(p.28), 공그르기(p.52), 스냅단추 달기(p.73)

01. 포켓용 원단의 0.8cm 안쪽에 초크펜슬로 선을 긋습니다. 이때 너비 10cm 부분에 긋도록 합니다.

02. 0.8cm 선에서 1cm 위에 초크펜슬로 선을 하나 더 긋습니다.

03. 다른 하나의 포켓용 원단에도 같은 방법으로 선을 긋습니다. 이때도 마찬가지로 너비 10cm 부분에 긋습니다.

04. 초크펜슬로 그은 선을 뼈인두를 사용해 눌러 자국을 냅니다.

05. 다른 하나의 원단에도 동일하게 선을 눌러 자국을 냅니다.

06. 자국에 맞춰 선을 접어 손끝으로 누른 후 다리미로 다립니다. 첫 번째 선을 다리고 바로 두 번째 선을 다려 모양을 고정시킵니다.

07. 다림질한 원단을 뒤집어 접힌 부분에 0.5cm 의 완성선을 표시합니다.

08. 바늘땀이 가지런하게 보이도록 겉에서 고 운 홈질을 합니다.

09. 고운 홈질과 마주보는 면에 시접 1cm를 남기고 초크펜슬로 완성선을 표시합니다.

10. 완성선에서 1cm 이동한 다음 가운데(5cm 위치)에 스냅단추를 달 위치를 표시합니다.

11. 표시한 위치에 스냅단추를 달아줍니다. 다 른 한 장도 같은 방법으로 반대쪽 스냅단추 를 답니다.

12. 겉감과 안감의 안쪽에 사방으로 1cm씩 완 성선을 표시합니다(완성사이즈 : 22cm× 8cm).

13. 접착솜의 반짝거리는 면을 겉감의 안쪽과 맞닿게 두고 온도를 중간으로 올린 다리미로 다려 밀착시킵니다.

14. 바닥에 안감의 바깥쪽이 보이도록 펼치고 그 위에 11번 과정에서 만든 포켓용 원단을 올립니다.

15. 13번 과정에서 준비한 겉감을 그 위에 올립니다. 이때 겉감의 바깥쪽이 포켓용 원단과 맞닿도록 올립니다.

16. 겉감과 안감의 완성선에 맞춰 시침핀으로 고정합니다.

17. 안감이 위로 올라오도록 뒤집고 완성선의 안쪽으로 시침질합니다.

18. 넓은 면에 5cm 정도의 창구멍을 초크펜슬로 표시합니다.

19. 창구멍의 시작점에서부터 고운 홈질을 시작해 완성선을 따라 반대쪽 창구멍까지 바느질을 한 뒤 여분의 실을 남겨둡니다.

20. 원단을 뒤집었을 때 모서리 쪽의 시접이 두꺼워지지 않도록 모서리를 사선으로 자릅니다.

21. 시접을 안감쪽으로 꺾은 다음 다리미로 다려 고정시킵니다.

22. 창구멍을 이용해 뒤집습니다. 이때 창구멍에서 멀리 떨어진 모서리부터 뒤집으면 편리합니다.

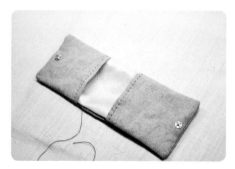

23. 핀이나 바늘을 이용하여 모서리를 정리합니다.

24. 19번 과정에서 남겨둔 실에 바늘을 끼우고 창구멍을 공그르기합니다.

25. 공그르기가 끝난 카드지갑을 반듯하게 다리고, 겉감의 테두리로부터 0.5cm 안쪽으로 완성선을 표시합니다.

26. 모서리의 안감과 겉감 사이로 바늘을 넣어 매듭을 숨깁니다.

27. 완성선을 따라 홈질하여 테두리를 장식합니다.

28. 테두리를 끝까지 홈질한 다음 스냅단추를 달으면 카드지갑이 완성됩니다.

앞치마

앞치마는 사용 특성상 비교적 두꺼운 방수 원단을 사용해 만드는 것이 좋습니다. 주로 원피스형 앞치마와 반치마형 앞치마로 구분할 수 있는데, 반치마형 앞치마는 요리사용 앞치마라고도 합니다. 이 책에서는 비교적 손쉽게 만들 수 있는 반치마형 앞치마에 주머니를 달아 실용성을 높였습니다.

준비물	몸판 원단(92cm×49cm) 1장, 허리 원단(90cm×12cm) 1장, 끈 원단(102cm×8cm) 2장, 주머니 원단(25cm×20cm) 1장, 바늘, 실, 다리미, 시침핀, 시접자, 초크펜슬, 가위
바느질 기법	고운 홈질(p.32), 시침질(p.28)

01. 몸판 원단에서 윗면이 될 부분을 제외하고
나머지 3면에 안쪽으로 1cm 들어가 완성
선을 긋습니다.

02. 표시한 선을 따라 손으로 누르며 1cm씩
두 번 접습니다.

03. 3면 모두 두 번씩 접은 다음 다리미로 다
려 고정시킵니다.

04. 접은 부분을 시침핀으로 고정합니다. 이
때 모서리도 순서에 맞게 접으면 되는데,
만약 원단이 겹쳐 모서리가 두꺼우면 안
의 시접을 잘라도 좋습니다.

05. 원단을 뒤집은 다음 시접의 끝이 들리지
않도록 누르면서 안쪽에 완성선을 표시합
니다.

06. 표시한 완성선을 따라 고운 홈질하여 몸
판을 준비합니다. 실 색상은 원단 색에 맞
추는 것이 좋습니다.

07. 허리 원단의 4면에 시접을 1cm 정도 남기고 완성선을 표시합니다.

08. 표시한 완성선을 따라 접은 다음 다리미로 다려 고정시킵니다.

09. 시접을 접은 허리 원단을 다시 반으로 길게 접어 다리미로 다려 준비해둡니다.

10. 끈 원단은 한쪽 끝을 제외하고 나머지 3면의 시접을 1cm 정도 남기고 완성선을 표시합니다(시접을 표시하지 않은 한쪽 끝은 몸판과 연결하는 부분이므로 시접을 꺾지 않습니다).

11. 표시한 완성선을 따라 손으로 눌러 접고 다리미로 다립니다.

12. 같은 방법으로 끈 원단 2장을 만듭니다.

13. 끈 원단을 다시 반으로 길게 접어 다리미로 다려 고정시킵니다.

14. 접힌 부분을 제외한 두 면에 테두리에서 0.3cm 정도 안쪽으로 완성선을 표시합니다.

15. 모서리 끝의 시접을 엇갈리게 접어 끼워 넣고, 원단이 뜨지 않도록 시침핀으로 고정합니다.

16. 접힌 부분의 끝에서 바늘을 원단 사이에 넣어 위로 빼내고 매듭을 안쪽으로 숨긴 뒤, 완성선을 따라 고운 홈질을 합니다.

17. 9번 과정에서 준비한 허리 원단을 펼치고 다리미로 다린 선에 맞춰 16번 과정의 끈 원단과 6번 과정의 몸판 원단의 겉면을 올립니다. 이때 끈 원단은 시접을 꺾지 않은 부분을 올립니다.

18. 반대쪽도 동일한 방법으로 원단을 겹치고 다림질한 선대로 허리 원단을 반으로 접어 덮습니다.

19. 허리 원단의 양쪽 끝과 아래를 시침질로 고정합니다.

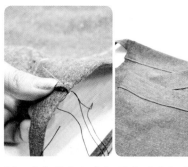

20. 허리 원단의 양쪽 끝과 아래에 완성선을 표시한 뒤 고운 홈질을 합니다.

21. 주머니 원단에 사방으로 1cm의 시접을 표시합니다.

22. 윗면이 될 부분의 시접을 1cm씩 두 번 접고 다리미로 눌러 고정시킵니다.

23. 접은 시접의 아래쪽에 완성선을 긋습니다.

24. 완성선을 따라 시접이 들뜨지 않도록 고운 홈질을 하고 매듭은 주머니 안쪽으로 오도록 정리합니다.

25. 양쪽 끝과 아랫면의 시접을 1cm씩 두 번 접고 다리미로 다려 고정시킵니다.

26. 20번 과정에서 준비한 앞치마를 반으로 접고 중앙에 주머니의 위치를 표시합니다.

27. 위치에 맞게 25번 과정의 주머니 원단을 올려 시침핀으로 고정하고, 윗면을 제외한 양쪽 끝과 아랫면에 안쪽으로 0.3cm의 완성선을 표시합니다.

28. 완성선을 따라 고운 홈질을 하면 앞치마가 완성됩니다.

컵홀더

음료를 마실 때 항상 사용하는 종이 컵홀더 대신 화려한 패턴의 원단을 활용하여 나만의 컵홀더를 만들어 보는 것은 어떨까요? 컵홀더는 컵의 종류에 따라 도안의 크기와 각도가 달라지는데, 만들고 싶은 컵의 크기와 각도를 고려해 그때그때 적당한 본을 제작하여 만들면 됩니다. 여기서는 일반적인 테이크아웃 컵을 기준으로 컵홀더를 만들었는데, 이때 다소 두꺼운 원단을 선택해 만들어야 컵홀더의 기능을 할 수 있으니 참고하도록 합니다.

| 준비물 | 원단(20cm×33cm) 1개, 컵홀더 도안, 시접자, 초크펜슬, 끈목, 시침핀, 바늘, 실, 실뜯개, 가위, 다리미, 단추 |

* '컵홀더 도안'은 목차의 QR코드를 확인하세요.

| 바느질 기법 | 시침질(p.28), 고운 홈질(p.32) 또는 반박음질(p.42), 온박음질(p.39), 공그르기(p.52), 단추달기(단추 밑 감아달기 p.66) |

01. 원단의 겉면끼리 마주보도록 반으로 접습
니다.

02. 접은 원단 위에 컵홀더 도안을 올리고 초
크펜슬로 완성선을 긋습니다.

03. 아래쪽 완성선 중간에 5cm 정도의 창구
멍을 표시합니다.

04. 접은 원단을 펼쳐 왼쪽 완성선의 1/3 지점
에 끈목을 놓습니다. 이때 끈목은 1cm 정
도 완성선 밖으로 빼 여분을 줍니다.

05. 펼친 원단을 다시 포개고 끈목이 움직이
지 않도록 시침핀으로 고정합니다.

06. 두 장의 원단이 밀리지 않도록 완성선 안
쪽으로 시침질을 합니다.

07. 창구멍의 시작점에서부터 고운 홈질 또는 반박음질을 합니다.

08. 이때 창구멍을 튼튼하게 만들기 위해 첫 번째 바늘땀은 한 땀을 뜨고 다시 되돌아와 바느질하는 온박음질로 하는 것이 좋습니다.

09. 창구멍을 제외한 네 면에 고운 홈질 또는 반박음질을 합니다. 중간에 있는 끈목도 함께 바느질합니다.

10. 창구멍의 반대쪽 끝점까지 바느질한 후 여분의 실을 남겨둡니다.

11. 실뜯개를 이용해 시침실을 제거합니다.

12. 초크펜슬을 사용해 완성선 바깥으로 1cm의 시접선을 긋습니다.

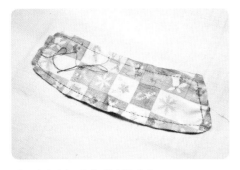

13. 시접선을 따라 재단합니다.

14. 각 모서리마다 가위집을 내줍니다. 가위집을 내면 원단을 뒤집어 모양을 잡을 때 훨씬 수월합니다.

15. 시접을 안쪽으로 꺾어 다리미로 다립니다.

16. 10번 과정에서 남겨둔 여분의 실을 겉감 사이로 빼냅니다.

17. 창구멍을 통해 원단을 뒤집습니다.

18. 뒤집은 원단의 모양을 잡습니다. 이때 모서리가 잘 빠지도록 바늘을 이용해 정돈합니다.

19. 모양이 잡히면 16번 과정에서 밖으로 빼낸
여분의 실에 바늘을 끼워 공그르기합니다.

20. 다리미로 컵홀더를 반듯하게 다려 각을
잡습니다.

21. 종이컵 둘레와 끈목의 길이를 감안해 단추
의 위치를 정한 다음 단추 밑 감아달기로
단추를 답니다.

22. 컵홀더를 컵에 두르고, 끈목을 단추에 감
아 고정시키면 컵홀더가 완성됩니다.

호박 핀쿠션

호박 핀쿠션은 초보자들이 부담없이 만들기 좋은 소품입니다. '핀쿠션'이라는 이름 그대로 바늘과 시침핀을 꽂아 사용하는데, 바늘을 꽂았다 뺐다 해야 하기 때문에 원단은 면류나 두꺼운 소재로 만드는 것이 좋습니다. 여기서는 화려한 색감의 원단을 사용하여 만들었지만 심플한 원단에 수를 놓아 멋을 더해도 좋습니다.

준비물	겉감(15cm×15cm) 2장, 시침핀, 원형 도안, 초크펜슬, 바늘, 실, 가위, 다리미, 솜, 이불바늘, 단추 2개 * '원형 도안'은 목차의 QR코드를 확인하세요.
바느질 기법	온박음질(p.39), 고운 홈질(p.32) 또는 반박음질(p.42), 공그르기(p.52), X자 단추 달기(p.58)

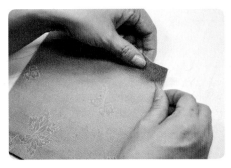

01. 겉감 두 장의 겉 부분끼리 맞닿게 놓고, 두 장의 원단이 밀리지 않도록 사방을 시침핀으로 고정합니다.

02. 원형 도안을 원단의 중앙에 놓고 초크펜슬로 완성선을 그린 다음 원의 중앙을 표시합니다.

03. 원둘레에 5cm 정도의 창구멍을 표시합니다.

04. 창구멍의 시작점에 바늘을 꽂고 왼쪽으로 한 땀을 떠서 바늘을 빼냅니다.

05. 바늘을 시작점에 다시 꽂고 한 땀을 떠 온박음질을 합니다. 창구멍을 뒤집을 때 실이 풀릴 수 있으므로 첫 번째 땀은 온박음질로 하는 것이 좋습니다.

06. 2번 과정에서 그린 완성선을 따라 고운 홈질 또는 반박음질을 합니다.

07. 반대쪽 창구멍까지 바느질을 한 뒤 바늘을 겉감(겉)사이로 **빼내고** 나중에 창구멍을 공그르기할 여분의 실을 남겨둡니다.

08. 시침핀을 제거한 다음 완성선 밖으로 0.5cm 의 시접을 표시한 뒤 재단합니다.

09. 시접을 한쪽으로 꺾어 다립니다.

10. 창구멍을 열고 손가락을 넣어 원단을 뒤집 습니다. 이때 시접에 5cm 간격으로 가위 집을 내면 뒤집기에 훨씬 수월합니다.

11. 뒤집은 원단의 가장자리를 손으로 매만져 동그랗게 만든 다음, 다리미로 펴줍니다.

12. 창구멍으로 솜을 넣습니다. 원단 안에 솜 이 **빵빵하게** 채워지면 7번 과정에서 남겨 둔 여분의 실에 바늘을 끼워 창구멍을 공 그르기합니다.

13. 이불바늘에 실을 끼웁니다. 이때 실은 두 겹으로 하고 길이는 80cm 정도로 넉넉하게 정합니다.

14. 원의 중앙에 바늘을 꽂고 잡아당기되 끝까지 당기지는 말고 실 고리를 남깁니다.

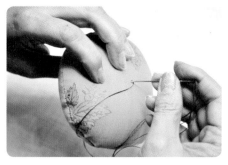

15. 살짝 땀을 떠서 반대편으로 바늘을 넣습니다.

16. 14번 과정에서 남겨둔 실 고리 안에 바늘을 넣은 다음 힘껏 잡아당깁니다.

17. 실이 나온 부분에 다시 바늘을 집어넣고 반대편으로 힘껏 잡아당깁니다.

18. 이번에는 원 바깥으로 바늘을 돌려서 원의 중앙으로 바늘을 넣습니다.

19. 원 바깥을 감싼 실과 마주보도록 다시 원 바깥으로 바늘을 돌려 원의 중앙으로 넣습니다.

20. 일정한 간격으로 8등분하여 바느질을 반복합니다.

21. 8등분이 되면 중앙에 단추를 앞뒤로 답니다.

22. 앞뒤를 모두 X자로 달고 마지막에 바늘이 나온 쪽에서 실을 매듭짓습니다.

23. 바늘이 나온 구멍으로 다시 바늘을 넣고 반대쪽의 단추 밖으로 바늘을 빼냅니다.

24. 실을 바짝 잡아당겨 매듭을 숨긴 다음 가위로 자르고 모양을 잡으면 호박 핀쿠션이 완성됩니다.

모빌

다양한 색상의 원단으로 모빌을 만들었습니다. 모빌을 만들기에는 망사 형태의 얇은 소재인 노방주 실크나 다색의 모시가 가장 적당하고, 이외에도 화학 원단 중에 색상이 투과되는 망사 형태의 얇은 원단을 사용하는 것이 좋습니다. 모빌은 투명하고 얇은 낚싯줄을 사용해 설치하면 하늘하늘한 느낌을 살리기에 더욱 좋습니다.

준비물	조각 원단(7cm×7cm) 1장, (8cm×8cm) 2장, (9cm×9cm) 2장, 시접자, 뼈인두, 다리미, 시침핀, 바늘, 실, 가는 낚싯줄(2m) 1개, 굵은 바늘(송곳), 나무 구슬 5개
바느질 기법	감침질(p.34)

01. 조각 원단의 네 면에 1cm의 시접을 남기고 뼈인두로 눌러 완성선을 표시합니다.

02. 시접이 잘 꺾이도록 다리미로 네 면을 다립니다.

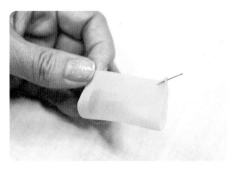

03. 시접을 접은 상태에서 반으로 접고 시침핀으로 고정합니다.

04. 원단의 가장자리를 맞춰 잡고 접은 원단 사이로 바늘을 넣어 왼쪽으로 빼냅니다.

05. 바늘을 끝까지 잡아당겨 접은 원단 사이로 실의 매듭을 숨긴 다음 감침질합니다.

06. 바늘땀을 깊게 넣으면 원단이 울퉁불퉁해지니 접은 원단 바로 아래에 바늘을 넣어 끝까지 감침질합니다.

07. 한 면에 감침질이 끝나면 옆면을 반으로
　　맞춰 접습니다.

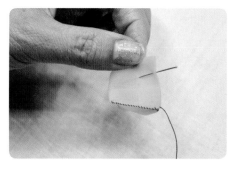

08. 끝의 모서리를 잡고 시침핀을 꽂아 원단
　　이 흔들리지 않도록 고정시킵니다.

09. 6번 과정에서 멈춘 바늘의 방향을 왼쪽으
　　로 틀어 다시 감침질합니다.

10. 접은 부분의 끝까지 감침질하고 나서 매듭
　　을 바짝 짓고 매듭진 구멍으로 바늘을 넣
　　어 매듭을 숨깁니다.

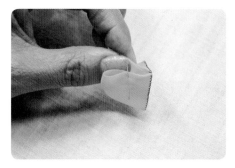

11. 남아있는 옆면의 원단을 접고 시침핀으로
　　고정합니다.

12. 동일한 방법으로 접은 면을 감침질하고 나
　　머지 한 면도 그대로 이어서 감침질합니다.

13. 끝까지 감침질하면 모빌 조각이 완성됩니다. 동일한 과정을 반복해서 총 다섯 개의 모빌 조각을 만듭니다.

14. 굵은 바늘에 낚싯줄을 꿰고 바늘허리에 낚싯줄을 여러 번 감습니다. 많이 감을수록 매듭이 굵어집니다.

15. 바늘허리에 감은 낚싯줄이 풀어지지 않도록 잡은 상태에서 바늘을 빼 낚싯줄 끝에 매듭을 크게 짓습니다.

16. 첫 번째로 달 모빌 조각의 정중앙에 바늘을 넣고 앞으로 빼냅니다.

17. 매듭이 모빌 조각에 닿을 때까지 낚싯줄을 당긴 다음 나무 구슬 한 개를 끼웁니다.

18. 두 번째 모빌 조각을 달 위치에 매듭을 크게 짓습니다.

19. 두 번째 모빌 조각의 정중앙에 바늘을 넣어 앞으로 빼 매듭지은 곳까지 내리고 그 위에 나무 구슬을 끼웁니다.

20. 낚싯줄을 두 줄로 잡고 묶어 고리를 만들면 모빌 한 줄이 완성됩니다.

21. 나머지 세 개의 모빌 조각도 동일한 방법으로 연결하면 모빌이 완성됩니다.

모시 향낭

향낭은 주머니에 아로마 향이 배어있는 물건을 넣거나 별도의 향수 또는 방향제 등을 뿌려서 사용하는 것으로 향이 밖으로 은은하게 퍼져야 하기 때문에 모시나 노방주 실크, 망사 형태의 얇은 원단으로 만듭니다. 취향에 따라 매듭이나 예쁜 부자재를 부착해 장식할 수 있고, 집안이나 사무실뿐만 아니라 패션 포인트로도 유용하게 활용할 수 있습니다.

준비물	조각 원단(7cm×12cm) 1장, 시접자, 뼈인두, 다리미, 시침핀, 바늘, 실, 가위, 솜, 끈목(40cm) 1개, 나무 구슬 1개
바느질 기법	감침질(p.34)

01. 조각 원단의 한 면에 1cm의 시접을 잡고 뼈인두로 눌러 표시합니다.

02. 뼈인두로 누른 시접을 손끝으로 꺾어 접습니다.

03. 나머지 면도 동일한 방법으로 1cm씩 시접을 접어 다리미로 다립니다(시접을 꺾은 완성사이즈 5cm×10cm).

04. 원단의 반(5cm)을 뼈인두로 눌러 표시합니다.

05. 표시한 부분을 꺾어 접고, 원단이 틀어지지 않도록 시침핀으로 고정합니다.

06. 접은 원단의 끝에서 원단 사이에 바늘을 넣고 왼쪽으로 빼내 매듭이 보이지 않도록 한 다음 감침질을 합니다.

07. 땀 간격을 0.2cm 정도로 일정하게 맞추며
감침질합니다.

08. 한 면의 감침질이 끝나면 매듭을 짓습니
다. 매듭진 곳에 바늘을 넣어 안쪽으로 바
짝 당겨 자르면 매듭이 안으로 들어가 밖
에서 보이지 않습니다.

09. 반대쪽도 같은 방법으로 감침질합니다.

10. 벌어진 부분을 양 옆의 감침질한 부분과
맞닿도록 가운데를 맞춰 접고 틀어지지 않
도록 시침핀으로 고정합니다.

11. 모서리의 원단 사이에 바늘을 넣고 왼쪽으
로 빼냅니다.

12. 바늘로 매듭을 안쪽으로 밀어 넣어 숨깁니다.

13. 끝에서부터 1~2cm 정도 감침질한 다음 실 여분을 남겨둡니다.

14. 시침핀을 제거하고 입구를 벌려 솜을 넣습니다. 솜 이외에 고체 향수나 향나무 등을 넣어도 좋습니다.

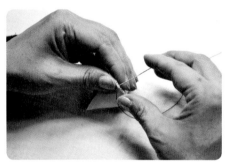

15. 솜을 적당히 채운 다음 다시 시침핀으로 고정한 뒤 감침질합니다.

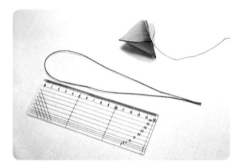

16. 끝 부분을 1cm 정도 남기고 바느질을 멈춘 후, 끈목을 반으로 접어 두 줄로 만듭니다.

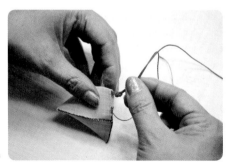

17. 끈의 맨 끝에 매듭을 묶은 뒤, 향낭의 구멍 사이로 넣습니다.

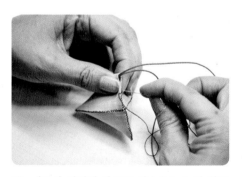

18. 매듭이 빠지지 않도록 왼손으로 눌러 잡고 끝까지 감침질합니다.

19. 바느질이 끝나면 매듭을 바짝 짓고 매듭진 곳으로 바늘을 다시 넣어 바깥쪽으로 빼 매듭을 숨깁니다.

20. 실을 바짝 당겨 자릅니다.

21. 끈목에 나무 구슬을 꿰어 장식하면 모시 향낭이 완성됩니다.

브로치

브로치는 다양한 색상의 작은 조각 천을 바느질로 이어 붙인 다음 시중의 브로치 부자재 반제품에 부착하면 간단하게 만들 수 있습니다. 브로치 반제품의 경우 재질에 따라 무게가 다르고 모양도 원형, 타원형, 사각형 등 다양하며, 브로치의 커버가 있는 것도 있고 없는 것도 있으므로 구매 시 취향에 따라 선택하면 됩니다.

준비물	조각 원단(4cm×7cm) 3장, 브로치(프레임, 동판) 반제품, 뼈인두, 시접자, 시침핀, 바늘, 실, 굵은 실, 초크펜슬, 다리미, 가위, 본드(글루건), 면봉, 고무줄
바느질 기법	감침질(p.34), 홈질(p.32), 가름솔(p.54)

How to make

01. 조각 원단의 긴 쪽에 0.5cm의 시접을 남기고 뼈인두로 눌러 그은 다음 접습니다.

02. 다른 조각 원단도 같은 방법으로 접고, 접은 부분이 맞닿도록 두 장의 원단을 마주 잡습니다.

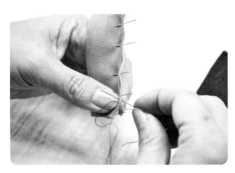

03. 시침핀으로 원단을 고정하고 끝에서부터 감침질합니다.

04. 가운데 조각 원단의 바늘땀에서 1cm 떨어진 부분을 뼈인두로 눌러 시접을 접습니다.

05. 마지막 조각 원단도 1번 과정과 같이 0.5cm 두께로 시접을 꺾은 다음, 가운데 조각 원단과 시침핀으로 고정한 뒤 일정한 간격으로 감침질합니다.

06. 뒷면의 시접을 가름솔하여 다립니다.

07. 이은 원단의 뒷면에 브로치의 동판 조각을
대고 초크펜슬로 완성선을 그립니다.

08. 가운데에 수를 놓을 위치를 초크펜슬로
표시합니다.

09. 원단의 아래에서 위로 바늘을 빼면서 '+'
모양으로 수를 놓습니다.

10. 그 위에 '×' 모양으로 수를 놓아 '※' 모양
을 만든 다음 매듭을 짓습니다.

11. 이은 원단을 뒤집어 완성선 바깥쪽으로 시
접 1cm의 원을 그린 다음, 시접선을 따라
재단합니다.

12. 완성선에서 시접 쪽으로 0.5cm 떨어진 부
분에 굵은 실을 이용해 원 둘레를 따라 홈
질합니다. 이때, 실 길이는 50cm 정도로
길게 합니다(싸개단추 만들기 86p 참고).

13. 원단 안에 브로치 동판을 넣고 실을 잡아 당겨 감쌉니다.

14. 원단이 동판에 밀착할 수 있도록 실을 지 그재그로 꿰매면서 모양을 가지런하게 잡 습니다.

15. 모양이 잡히면 매듭을 바짝 짓고 실을 자릅니다.

16. 브로치 프레임의 안쪽 테두리에 면봉을 사 용해 본드를 바르고 15번 과정에서 만든 동판을 프레임에 맞춰 올립니다.

17. 본드가 굳을 때까지 고무줄로 감아두었다가 본드가 완전히 굳어 동판과 프레임이 떨어 지지 않으면 브로치가 완성됩니다.

키홀더 장식

키홀더(열쇠고리) 장식은 약간의 천과 부자재만 있으면 간단한 바느질로 다양하고 개성있게 만들 수 있습니다. 주머니나 하트 혹은 여러 동물 디자인을 활용하여 만들 수 있는데, 여기에서는 귀여운 미니 복주머니 키홀더 장식을 소개합니다.

준비물	원단(8cm×14cm) 1장, 시침핀, 복주머니 도안, 초크펜슬, 뼈인두, 가위, 다리미, 키홀더 부자재 1개, 고리용 끈(5cm) 1개, 바늘, 실, 솜

* '복주머니 도안'은 목차의 QR코드를 확인하세요.

바느질 기법	고운 홈질(p.32)

01. 원단의 겉과 겉이 마주보도록 반으로 접습니다.

02. 접은 원단의 가운데에 시침핀을 꽂아 흐트러지지 않도록 고정합니다.

03. 원단 위에 복주머니 도안을 올리고 초크펜슬로 본을 뜹니다.

04. 맨 위의 주머니 입구 부분을 제외하고 나머지 부분을 U자형으로 고운 홈질합니다.

05. 시침핀을 빼고 주머니 입구 부분을 뼈인두로 눌러 긋습니다.

06. 바느질한 곳에서 바깥쪽으로 0.5cm 정도 시접을 두고 가위로 자릅니다.

07. 주머니 아래의 곡선 부분 시접에 2~3개의 가위집을 냅니다.

08. 시접을 한쪽으로 접어 다리미로 다립니다.

09. 주머니 입구 부분은 5번 과정에서 뼈인두로 그은 선을 따라 접고 다림질합니다.

10. 다림질한 입구 부분을 다시 벌려 손가락을 이용해 겉감이 바깥으로 나오도록 뒤집어 정리합니다.

11. 주머니 입구 부분의 시접을 안으로 접어 넣습니다.

12. 키홀더의 고리용 끈을 반으로 접어 한번 묶은 다음, 주머니의 오른쪽 모퉁이에 매듭 부분을 넣어 바느질로 고정시킵니다.

13. 주머니 입구에 0.5cm 정도 여유를 두고 초크펜슬로 선을 긋습니다.

14. 선을 따라 홈질합니다. 이때 주머니의 입구를 막는 것이 아니라 11번 과정에서 안으로 접은 시접을 홈질합니다.

15. 홈질 후 주머니의 마무리를 위해 실을 끊지 말고 바늘에 꽂아둔 채로 여분을 줍니다.

16. 주머니 안에 솜을 채워 넣습니다.

17. 15번 과정에서 남겨두었던 실을 잡아당겨 입구를 오므린 후 바늘로 가운데 부분을 두 번 정도 왕복하며 바느질한 다음 매듭을 짓습니다.

18. 12번 과정에서 단 고리용 끈에 키홀더 부자재를 연결하면 키홀더 장식이 완성됩니다.

생초보를 위한 생활 속 기초 손바느질

초 판 발 행 일 2018년 09월 05일
초 판 인 쇄 일 2018년 08월 13일

발   행   인 박영일
책 임 편 집 이해욱
지   은   이 김영선

편 집 진 행 강현아
표 지 디 자 인 김도연
본 문 디 자 인 신해니

발   행   처 시대인
공   급   처 (주)시대고시기획
출 판 등 록 제 10-1521호
주   소 서울시 마포구 큰우물로 75(도화동 538) 성지 B/D 9F
전   화 1600-3600
팩   스 02-701-8823
홈 페 이 지 www.sidaegosi.com

I S B N 979-11-254-4701-6[13590]

정   가 13,000원

시대인은 종합교육그룹 (주)시대고시기획 · 시대교육의 단행본 브랜드입니다.